CONDITION D

Les prérogatives du ministre de la Défense envers les FAd'H

WOOD V. BIENAIMÉ, PH.D.

CONDITION D

Les prérogatives du ministre de la Défense envers les FAd'H

Wood V. Bienaimé

Édité par
Ben Wood Johnson

TESKO
TESKO PUBLISHING

www.teskopublishing.com
Middletown, Pennsylvanie

TESKO PUBLISHING

Ce livre est publié en français. Le document est conforme à la nouvelle orthographe.

Wood Bienaimé - Ben Wood Johnson (nom de naissance/nom d'auteur).

Condition D : Les prérogatives du ministre de la Défense envers les FAd'H/par Wood V. Bienaimé - Ben Wood Johnson – première édition.

p. cm. — (Ben Wood Post)

Comprends une bibliographie et un index.

ISBN -13 : 978-1-948600-49-1 (pbk. : alk. Papier)
ISBN-10 : 1-948600-49-8

Format : Livre de poche (Paperback)

Disponible aussi en d'autres formats.

1. Militaire – Guides, manuels, etc. 2. Procédures militaires – Guides, manuels, etc. 3. Politique – Guides, manuels, etc. I. Titre. II. Titre : Condition D : Les prérogatives du ministre de la Défense envers les FAd'H.

TESKO PUBLISHING, une division de My Eduka Solutions et de BWEC, LLC.
Si vous souhaitez en savoir plus sur Tesko Publishing, veuillez contacter My Eduka Solutions à l'adresse suivante : 330 W. Main St., Unit 214, Middletown, PA Zip 17057. Visiter le site web : www.teskopublishing.com.

Première publication imprimée en décembre 2024.

Imprimé aux États-Unis.

Autres infos
Ce livre a été publié et imprimé aux États-Unis par Tesko Publishing, une maison d'édition indépendante, pour Ben Wood Educational Consulting, LLC (BWEC, LLC). Si vous souhaitez contacter Tesko Publishing, vous pouvez le faire par courrier (par courrier postal ou par voie électronique). Pour un retour immédiat de la part de l'éditeur ou de l'auteur, vous pouvez vous référer aux informations énumérées ci-dessous.

BWEC, LLC/Eduka Solutions :

Bureau de poste
330 W. Main St., Unit 214
Middletown, PA Zip 17057

Messagerie électronique
tkpubhouse@gmail.com

Site web
www.teskopublishing.com

AUTRES PUBLICATIONS

- ✓ Kidnapping en Haïti : Histoire de la police nationale d'Haïti et l'insécurité généralisée
- ✓ La police nationale d'Haïti et le kidnapping : Une approche technique pour améliorer la sécurité en Haïti
- ✓ La police nationale d'Haïti : Structure et organisation
- ✓ Opérations policières : Principes et pratiques avancées
- ✓ La police nationale d'Haïti (1995-2025) : Une remise en question des trente ans de cette institution de police civile
- ✓ Comment combattre le kidnapping en Haïti : Opération rideau de fer
- ✓ The Roots of Insecurity in Haiti: Historical Context and International Implications/
- ✓ Les racines de l'insécurité en Haïti : Contexte historique et implications internationales

TABLE DES MATIÈRES

CONDITION D

TABLE DES FIGURES

En la mémoire de mon grand-oncle Jérémie Jean-François : Un militaire dans l'âme.

Introduction

Les prérogatives du ministre de la Défense sont bien définies dans les lois haïtiennes. Depuis l'adoption de la Constitution de 1987, cette entité étatique joue un rôle crucial dans la gestion et la supervision des Forces armées d'Haïti (FAd'H). Dirigé par un ministre, dûment reconnu sous l'appellation du « Ministre de la Défense », ce ministère a des prérogatives extraordinaires, et ceci par rapport aux autres entités du gouvernement établi.

Cette fonction ministérielle, chargée de la politique de défense nationale, représente l'interface essentielle entre le pouvoir civil et l'expertise militaire dans le pays. Toutefois, les rapports entre le pouvoir civil et le commandement militaire ont toujours fait l'objet de débats en ce qui a trait aux prérogatives du ministère de la Défense envers les forces armées haïtiennes. De la sorte aussi, les rapports entre le ministre de la Défense et les autorités militaires sont souvent tendus.

Le 18 juin 2024, le ministère de la Défense, par l'entremise de son Directeur Général, le Colonel Louis Marcelin Daniel, à notifier les FAd'H, par l'intermédiaire du Lieutenant-Général Jodel Lesage, une disposition à prendre (voir l'image ci-après). Celle-ci consistait « de mettre les Forces armées d'Haïti en condition D » et de rester en attente à des « instructions subséquentes ». Cette communication a fait des remous dans l'actualité en Haïti, plus particulièrement après un regroupement d'anciens militaires dénommé « Association Militaire d'Haïti » s'est opposé publiquement à l'idée que le ministère de la

Défense puisse passer des ordres au Commandant en Chef (a.i.)[1] des Forces armées d'Haïti sur des questions opérationnelles. Néanmoins, pouvons-nous dire que la communication susmentionnée a été une insubordination inégalée de la part du ministère ou du moins de la part du colonel Louis Marcelin ? La réponse, j'argumente à travers cet ouvrage, est certainement dans le négatif.

Ce livre explore en profondeur les responsabilités et les pouvoirs spécifiques conférés au ministre de la Défense, ainsi que leur mise en œuvre pratique au sein des FAd'H. À partir d'une analyse détaillée des Articles pertinents de la Constitution en vigueur et d'autres textes juridiques, l'ouvrage examine comment cette autorité ministérielle est structurée et quel impact elle exerce sur les opérations militaires et la sécurité nationale. Il aborde également les défis contemporains auxquels le ministère de la Défense est confronté, tels que la gestion des crises, la modernisation des forces armées haïtiennes et la coopération internationale en matière de défense.

En outre, ce livre examine l'évolution historique de la fonction du ministre de la Défense depuis la réforme constitutionnelle de 1987 et l'amendement de celle-ci en 2012. Il met en lumière les ajustements et les développements des forces armées en Haïti au fil du temps. Cette étude vise à fournir une perspective claire et approfondie sur le rôle vital du ministre de la Défense dans la gouvernance des FAd'H, tout en soulignant l'importance cruciale du contrôle civil et de la supervision démocratique dans la gestion des affaires militaires en Haïti.

---

[1] L'acronyme « a.i. » est l'abrégé du mot « ad intérim ». C'est une phrase latine qui signifie pour le moment ou temporairement. Ce mot est souvent utilisé pour décrire une situation temporaire ou un arrangement temporaire.

CONDITION D

NOTE DU MINISTERE DE LA DEFENSE

RÉPUBLIQUE D'HAÏTI

MINISTERE DE LA DEFENSE
BUREAU DU DIRECTEUR GENERAL

Port-au-Prince, le 18 Juin 2024

Réf. MD/DG/LMD/sd/06-24/983

Au : **Lieutenant- Général Jodel LESSAGE**
Commandant en Chef ai des Forces Armées d'Haïti (FAD'H)

Du : Directeur Général
Colonel Louis Marcelin DANIEL

Objet : Disposition à prendre

Monsieur le Lieutenant-Général,

1. Selon les recommandations du Ministre, il vous est demandé dès la présente de mettre les Forces Armées d'Haïti en *condition "D"*.

2. Les instructions subséquentes suivront.

Veuillez recevoir, **Monsieur le Lieutenant-Général**, l'expression de ma haute considération.

Louis Marcelin DANIEL
Directeur Général

MINISTÈRE DE LA DÉFENSE
DIRECTION GÉNÉRALE

Cc : Ministre de la Défense

Grand Quartier Général, angle rues de la République et Geffrard, Champ de Mars P-au-P Haïti – Tel: (509) 2810-3420

Scanné avec CamScanner

1. L'HISTOIRE DE L'ARMEE HAÏTIENNE

Avant de plonger dans les méandres de ce livre, révisons, tout au moins d'une manière compendieuse, l'histoire des forces armées en Haïti. La légende de l'armée haïtienne est intimement liée à diverses influences internes et externes au fil des ans. Pourtant, c'est aussi une histoire de tumultes et de défis.

En Haïti, les origines de l'armée remontent à la lutte pour l'indépendance du pays et aux efforts ultérieurs pour établir et maintenir la souveraineté. Après la révolution qui a conduit à l'indépendance d'Haïti en 1804, la nation haïtienne a rencontré des difficultés dans l'organisation de ses forces militaires.[2] Les premiers stades de la création d'une armée en Haïti ont été caractérisés par des efforts pour consolider le pouvoir et créer la stabilité dans la nation nouvellement formée.[3] Néanmoins, les querelles de pouvoir internes et les pressions militaires externes ont souvent façonné le cours de l'engagement de l'armée dans la société haïtienne.[4]

---

[2] Mocombe Pc, « Hegel, Haïti et l'anti-dialectique », *Revue internationale de philosophie* 6, n° 1 (2023) : 1-5, https://doi.org/10.23880/phij-16000285.

[3] Matthew J. Smith, « L'exil en Haïti au XIXe siècle », dans *Encyclopédie de recherche d'Oxford sur l'histoire de l'Amérique latine*, 2016, https://doi.org/10.1093/acrefore/9780199366439.013.345.

[4] Chelsea Stieber, *La guerre du papier en Haïti : l'écriture post-indépendance, la guerre civile et la création de la République, 1804-1954* (New York : NYU Press, 2020).

Au cours du 19e siècle, Haïti a connu des troubles politiques et des changements de leadership qui ont influencé la composition et les fonctions de son armée.[5] Toutefois, l'armée a joué un rôle crucial dans divers conflits internes et des luttes de pouvoir, reflétant ainsi des tensions et des difficultés sociétales plus larges.[6] La frontière entre les autorités civiles et militaires a toujours été floue en Haïti, ce qui a rendu les forces armées haïtiennes mal adaptées pour relever les défis contemporains, qui exigent une approche non partisane dans les affaires du pays.[7] Cette réalité rend presque impossible pour les forces armées de maintenir des relations saines avec les dirigeants civils, comme l'établit le modèle de contrôle civil de Samuel Huntington.[8]

Tout au long de son existence, l'armée haïtienne a été incapable d'opérer en tant qu'entité distincte au sein de l'appareil étatique d'Haïti. Les militaires se sont impliqués dans des sphères inutiles des domaines civils en termes d'élaboration de politiques et de décisions.[9] L'engagement de l'armée dans la politique et la gouvernance a mis en évidence son double rôle de défenseur de l'État et d'acteur politique.[10] Cette double fonction a souvent conduit à des divisions internes au sein

---

[5] Smith, « L'exil en Haïti au XIXe siècle ».

[6] Stieber, *La guerre du papier en Haïti.*

[7] Risa Brooks, « Paradoxes du professionnalisme : repenser les relations civilo-militaires aux États-Unis », *Sécurité internationale* 44, n° 4 (2020) : 7-44, https://doi.org/10.1162/isec_a_00374.

[8] Ibid..

[9] Ibid..

[10] Oxford Analytica, « Une nouvelle armée pourrait menacer la stabilité politique haïtienne », *Briefings d'experts Emerald* oxan-db, non. oxan-db (1er janvier 2017), https://doi.org/10.1108/OXAN-DB222501.

de l'armée.[11] Celle-ci a aussi contribué à des périodes d'instabilité dans l'arène politique dans l'histoire de la nation haïtienne.[12]

Les interventions militaires

Haïti, depuis son indépendance de la France en 1804, plus particulièrement au cours des temps modernes, a connu plusieurs interventions militaires. La majorité de celles-ci a été sous l'obédience des Nations Unies. Toutefois, les États-Unis ont toujours joué un rôle prépondérant dans les intrusions armées sur le sol haïtien. Toutes ces incursions ont facilité la détérioration des forces de sécurité en Haïti, dont l'armée.

Les interventions, telles que l'occupation d'Haïti par les États-Unis de 1915 à 1934, ont eu un impact sur l'évolution de l'armée haïtienne.[13] L'occupation américaine a non seulement réorganisé l'armée, mais visait également à contrôler les affaires politiques et économiques du pays.[14] Les répercussions des interventions étrangères, y compris les différentes intrusions militaires en Haïti, ont eu un effet indélébile sur les institutions militaires haïtiennes et leurs interactions avec le gouvernement civil.[15]

Plus récemment, le président Jovenel Moïse a remobilisé les Forces Armées d'Haïti. Naturellement, ce fut une décision controversée, considérant les circonstances qui avaient mené à la démobilisation de

---

[11] Stieber, *La guerre du papier en Haïti.*

[12] Stieber, *La guerre du papier en Haïti.*

[13] Christopher Davis, « L'histoire en tant qu'ennemi et instructeur : leçons tirées d'Haïti, 1915-1934 », *Revue des hautes études militaires* 11, n° 1 (2020) : 32-43, https://muse.jhu.edu/pub/419/article/796237.

[14] Ibid..

[15] Ibid..

l'armée d'Haïti. Mais depuis la restructuration des FAd'H, les points de vue sont mitigés vis-à-vis l'existence d'une force militaire en Haïti.

L'histoire des forces armée haïtienne est très complexe. Toutefois, l'institution militaire a toujours été confrontée à des défis liés à la gouvernance, à la corruption et à sa responsabilité dans le maintien de la sécurité intérieure.[16] Évidemment, les débats sur un retour de l'armée en Haïti ont suscité des inquiétudes quant aux conséquences potentielles pour la stabilité politique et la sécurité dans le pays.[17] Dans cette optique, le contexte historique d'une possible intervention militaire dans les affaires politiques du pays a suscité le scepticisme quant à l'efficacité et à la responsabilité d'une entreprise militaire en Haïti à ce carrefour historique de son histoire.[18]

En résumé, l'histoire de l'armée en Haïti reflète la dynamique sociopolitique plus large du pays. Celle-ci englobe les rivalités pour l'indépendance, les compétitions de pouvoir internes, les interventions extérieures et les débats sur le rôle de l'armée dans la gouvernance et la sécurité. Comprendre la progression historique de l'armée en Haïti est crucial pour saisir les subtilités du paysage politique haïtien et les défis auxquels le pays est confronté aujourd'hui.

[16] Oxford Analytica, « Une nouvelle armée pourrait menacer la stabilité politique haïtienne ».

[17] Ibid..

[18] Ibid..

2. Association militaire d'Haïti

En ce qui concerne la controverse suscitée par la correspondance du ministère de la Défense aux forces armées d'Haïti, notamment aux positions publiques de l'association militaire d'Haïti, une réponse publique s'impose. Dans le contexte de la réalité sécuritaire en Haïti, il serait prudent de mesurer les reproches en publics aux entités militaires haïtiens. Il est tout de même de mise, ceci pour ne pas dire impératif, de clarifier l'autorité du ministre de la Défense face aux récentes déclarations publiques qui, on pourrait déduire, visaient à semer le doute sur ses prérogatives.

Le ministre de la Défense est le chef hiérarchique des Forces Armées d'Haïti. En sa qualité de chef du ministère de tutelle de l'institution militaire, ce dernier exerce un pouvoir constitutionnel sur les forces armées de ce pays. Pour ainsi dire, le ministre de la Défense est le chef hiérarchique des entités militaires en Haïti.

Certainement, il y a des controverses au sujet du rôle des civiles sur l'armée en Haïti. Mais cela ne constitue pas une anomalie. C'est ainsi dans tous les pays du monde. De la sorte, les débats sont légion à propos du rôle des autorités civiles haïtiennes sur les autorités militaires. Néanmoins, dans le présent contexte, l'autorité du ministère de la Défense, et, par conséquent, celle du ministre de tutelle, sont naturelles en nature et ne pourront être contestées sauf en cas d'abus de pouvoir ou d'autres formes d'usurpations sans titres ou sans appel.

Conformément à la Constitution de 1987, notamment les Articles 162, 163, et 169, le ministre de la Défense agit sous l'autorité directe du Premier ministre. Celui-ci, à son tour, agit sous l'autorité du président de la République (ou bien le Conseil Présidentiel de Transition-CPT, et ceci dans un contexte politique quelconque), qui a le titre de « Chef nominal des Forces Armées ». Les attributions du ministre de la Défense, comme celles des autres ministres, sont immuables.

Les Articles 169 et 169-1 de la Constitution de 1987 prévoient que « Les ministres sont solidairement responsables de l'exécution des lois ». C'est-à-dire, « En aucun cas, l'ordre écrit ou verbal du président de la République ou du Premier ministre ne peut soustraire les Ministres à la responsabilité attachée à leurs fonctions ». Ainsi, la chaîne de commandement sur les forces armées est incontestable. Celle-ci est tout aussi bien essentielle au bon fonctionnement de notre démocratie et à la sécurité nationale.

L'armée et l'Association militaire d'Haïti

Les liens entre l'armée et l'association militaire d'Haïti ne sont pas bien élucidés. Toutefois, les déclarations récentes de l'Association militaire en question ne reflètent pas la position officielle des Forces armées d'Haïti (FAd'H). Elles ne devraient pas être interprétées comme telles.

En Haïti, le ministre de la Défense et le haut commandement militaire sont unis dans leur engagement envers la sécurité nationale et le respect de l'ordre constitutionnel. Toute tentative de remettre en question l'autorité légitime du ministre, y compris son pouvoir de mettre les troupes en condition « D », non seulement va à l'encontre de nos lois, mais représente également une menace potentielle pour la stabilité de notre nation. Dans cette optique, les observateurs les mieux avisés appellent tous les acteurs à faire preuve de responsabilité dans leurs déclarations publiques et à privilégier le dialogue constructif par les canaux appropriés pour toute question relative à la défense nationale.

Les déclarations des anciens militaires à l'égard du ministère de la Défense, plus particulièrement en questionnant les prérogatives du ministre de la Défense lui-même, constituent un mauvais précédent. Il y a une nécessité pour rectifier le tir. Il est important d'élucider les pouvoirs et les responsabilités du ministère et celui du ministre en l'occurrence. Tout d'abord, revoyons la chaîne de commandement des forces armées en Haïti pour mieux comprendre la chose.

3. La Constitution et l'armee

Haïti est une république. Son fonctionnement est régi par des lois. La charte fondamentale c'est la Constitution de 1987, dont une version amendée a été promulguée en 2012. Ainsi, l'autorité suprême de l'état émane de cette Constitution qui confère des pouvoirs spécifiques au chef de l'État, qui est le président de la République. Celui-ci est secondé par un Premier ministre et un cabinet ministériel. Le commandant en chef des forces armées, comme mentionné dans l'article 264-1 de la version amendée de la Constitution de 1987, complète la structure hiérarchique des forces armées d'Haïti. Il est le premier des militaires. Cette organisation assure une répartition claire des pouvoirs et des responsabilités au sein des forces armées.

La structure de gouvernance et de contrôle des forces armées, telle que définie par la Constitution de 1987 et ses amendements, reflète un système complexe de « checks and balances » visant à assurer une supervision démocratique de l'appareil militaire. Cette organisation hiérarchique et fonctionnelle mérite une analyse approfondie pour comprendre les rôles et responsabilités de chaque entité impliquée.

Au sommet de cette pyramide se trouve le président de la République, qui, conformément à l'article 143 de la Constitution, assume le rôle de chef suprême des forces armées. Cette position lui confère une autorité ultime sur les décisions militaires stratégiques. Celle-ci renforce le principe du contrôle civil sur l'armée.

Le Premier ministre, quant à lui, joue un rôle crucial dans la gestion quotidienne des affaires militaires. Les articles 159.1, 162 et 163 de la Constitution attribuent au premier des ministres des responsabilités significatives dans la mise en œuvre des politiques de défense nationale. Cette implication du chef du gouvernement dans les affaires militaires assure une continuité entre les orientations politiques générales et leur application dans le domaine de la défense.

Le Parlement haïtien, à travers ses structures d'investigation spécifiques, exerce un contrôle démocratique essentiel sur les forces armées. Les articles 118, 129-2, 266, et 267-2 de la version amendée de la Constitution lui confèrent des pouvoirs d'enquête et de supervision, renforçant ainsi la transparence et la responsabilité du secteur militaire devant les représentants élus du peuple.

Le ministre de la Défense, dont les attributions sont définies par les articles 162, 163, et 169 de la Constitution, occupe une position charnière entre le pouvoir politique et l'institution militaire. Il est chargé de traduire les orientations politiques en directives opérationnelles pour les forces armées, tout en assurant la remontée d'informations vers le gouvernement.

Enfin de compte, le commandant en chef des forces armées, mentionné dans l'article 264-1 de la version amendée de la Constitution, représente le plus haut gradé militaire. Il est responsable de l'exécution des ordres émanant de la chaîne de commandement civile et de la gestion opérationnelle des forces armées. Pour ainsi dire, le commandant en chef des forces armées d'Haïti est tout aussi bien le chef effectif de l'institution militaire.

Cette structure hiérarchique complexe vise à garantir un équilibre entre l'efficacité opérationnelle des forces armées et leur subordination au pouvoir civil démocratiquement élu. Elle permet une répartition des pouvoirs et des responsabilités qui, en théorie, devrait prévenir toute concentration excessive d'autorité militaire dans les mains d'une seule entité.

Cependant, il est important de noter que l'efficacité de ce système dépend largement de la stabilité politique du pays et du respect scrupuleux des principes constitutionnels par tous les acteurs impliqués. Dans un contexte haïtien parfois marqué par des turbulences politiques, la mise en œuvre pratique de ces dispositions constitutionnelles peut se heurter à des défis considérables, nécessitant une vigilance constante pour préserver l'intégrité du contrôle démocratique sur les forces armées.

STRUCTURE HIÉRARCHIQUE DES FORCES ARMEES

1. **Le président de la République**
   a. **Article 143 de la Constitution de 1987**
2. **Le Premier ministre**
   a. **Articles 159.1, 162 et 163 de la Constitution de 1987**
3. **Le Parlement à travers ses structures d'investigations spécifiques**
   a. **Articles 118, 129-2, 266, 267-2**
      i. **Version amendée de la Constitution de 1987**
4. **Le ministre de la Défense**
   a. **Articles 162, 163, 169 de la Constitution de 1987**
5. **Le commandant en chef des forces armées**
   a. **Article 264-1**
      i. **Version amendée de la Constitution de 1987**

Chaîne de commandement

La chaîne de commandement des Forces armées d'Haïti est clairement définie dans la Constitution de 1987 et dans sa version amendée (2012). Au sommet de cette hiérarchie se trouve le président de la République, comme stipulé dans l'Article 143. Il est suivi du Premier ministre, dont les responsabilités sont détaillées dans les Articles 159.1, 162 et 163. La conceptualisation illustrée ci-après (Figure 1 : Structure hiérarchique des FAd'H) relate la chaîne de commande des forces armées d'Haïti de façon sommaire.

La chaîne de commandement des Forces armées d'Haïti est établie à travers un équilibre minutieux entre le contrôle civil et l'expertise militaire, plus particulièrement pour le bon fonctionnement de la structure opérationnelle des FAd'H. Voir la Figure 2 : Structure opérationnelle des FAd'H (ci-dessous) pour mieux appréhender cette composition. Cette prérogative est stipulée dans la Constitution de 1987, notamment les versions originale et amendée.

La structure hiérarchique et organisationnelle des FAd'H sont dûment constitutionnelle en nature. Ces compositions assurent une supervision civile tout en maintenant l'efficacité opérationnelle de l'armée. Ainsi, les illustrations présentées dans les prochaines pages vous offrent un panorama précis pour mieux comprendre la hiérarchie et l'organisation opérationnelle des forces armées d'Haïti, tout en incluant le ministre de la Défense. Si vous voudriez savoir plus sur l'histoire, la structure et l'organigramme des forces armées haïtiennes, veiller consulter le titre *Les Forces Armées d'Haïti (FAd'H) : Histoire, Structure et Organisation* du même auteur.

Figure 1 : Structure hiérarchique des FAd'H

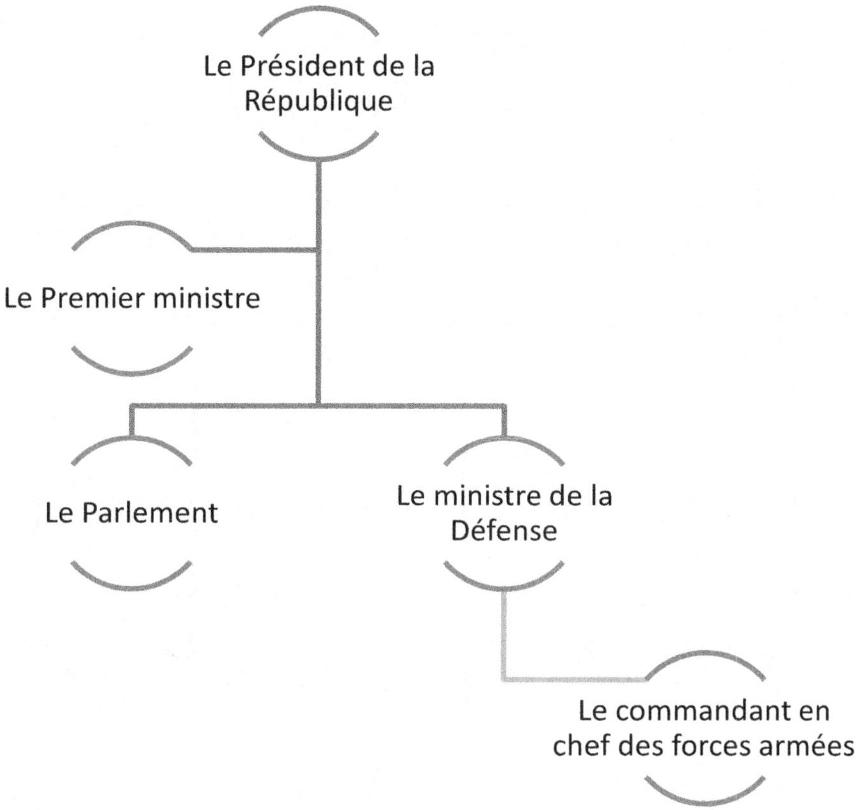

Figure 2 : Structure opérationnelle des FAd'H[19]

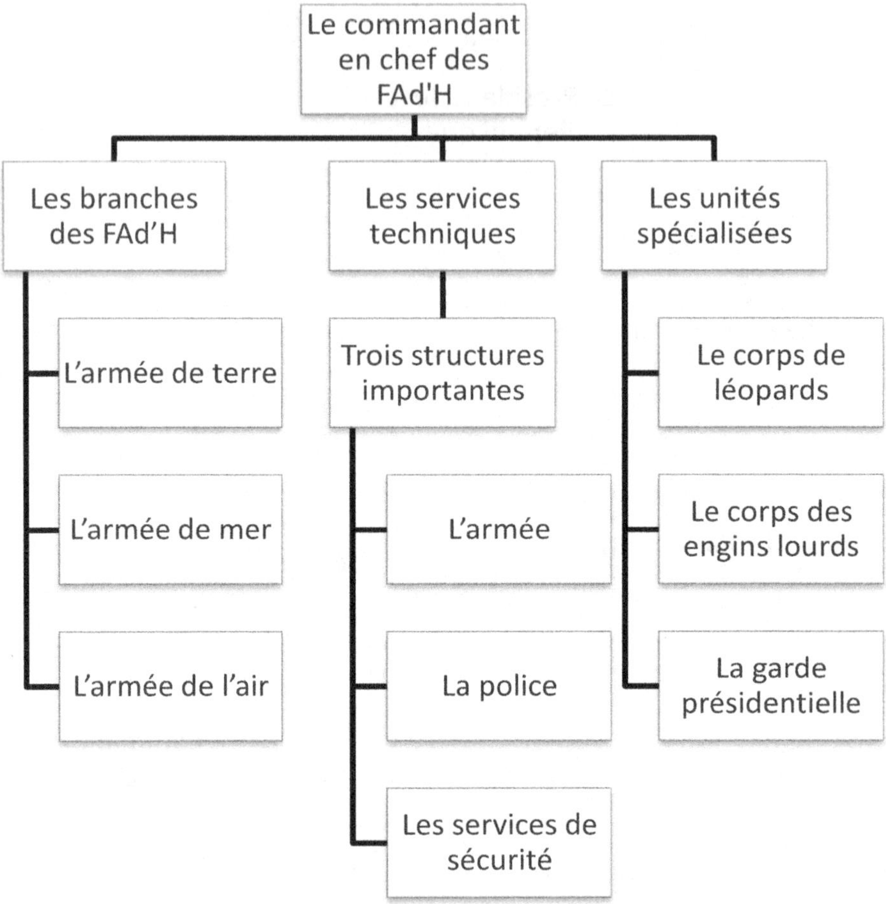

[19] La structure opérationnelle illustrée dans le présent contexte c'est la structure des forces armées d'Haïti en 1994 et ne reflètent pas toutes les entités faisant partie de l'institution militaire pendant l'époque susmentionnées. Celle-ci ne représente pas nécessairement la structure actuelle (soit en 2024) de cette entreprise militaire.

4. Le President et l'armee

Le rôle des présidents dans l'armée en Haïti peut être compris comme un aspect multiforme de la gouvernance, qui recoupe la politique, la stratégie militaire et la sécurité nationale. Divers travaux universitaires mettent en lumière la relation entre le président et les forces armées. Les auteurs soulignent comment cette dynamique peut façonner la trajectoire d'une nation.

Dans le contexte des systèmes semi-présidentiels, la position du président en tant que chef d'État élu par le peuple confère une influence significative, qui a généralement un impact sur le rôle de l'armée dans le paysage politique d'un pays.[20] Cette influence s'étend aux décisions concernant l'implication des forces armées dans les affaires intérieures, comme on l'a vu dans les cas où de nombreux chefs d'État dans le monde, notamment des présidents, se sont appuyés sur l'armée pour gérer des crises, comme la pandémie de COVID-19.[21]

Le rôle du président dans l'armée

Historiquement, l'armée a toujours joué un rôle central dans la formation des événements politiques, avec des exemples remontant aux

---

[20] Raul Magni-Berton, « Réévaluer le semi-présidentialisme duvergerien : une perspective électorale », *Politique européenne comparée* 11, n° 2 (mars 2013) : 222-48, https://doi.org/10.1057/cep.2012.19.

[21] Gustavo Flores-Macías, « Crimes violents et expansion du pouvoir exécutif en Amérique latine », *Études présidentielles trimestrielles* 53, n° 2 (juin 2023) : 256-72, https://doi.org/10.1111/psq.12832.

soulèvements populaires qui ont conduit à des changements de leadership.[22] L'implication de l'armée dans la politique peut être à la fois directe et indirecte, comme en témoignent les cas où des officiers de l'armée à la retraite ont influencé les élections présidentielles et les décisions gouvernementales.[23] Cette influence souligne la dynamique complexe du pouvoir entre le président et les forces armées, ce qui montre comment le soutient ou l'opposition militaire peut avoir un impact significatif sur les résultats politiques.

L'orientation du risque et la prise de décision du président peuvent entraîner des conséquences considérables sur les stratégies militaires et l'emploi des forces.[24] Des présidents comme Abraham Lincoln, aux États-Unis, ont pris des décisions cruciales en temps de conflit qui ont façonné l'efficacité et les résultats militaires, ce qui met en évidence l'interconnexion des directives présidentielles et des opérations militaires. Dans des pays comme le Brésil, le rôle de l'armée dans la lutte contre les stupéfiants s'est élargi sous des présidences spécifiques, ce qui montre comment les programmes présidentiels peuvent influencer l'orientation et les responsabilités des forces armées.[25]

---

[22] Sten Hagberg, « 'Des milliers de nouveaux Sankaras' : résistance et lutte au Burkina Faso », *Spectre africain* 50, n° 3 (décembre 2015) : 109-21, https://doi.org/10.1177/000203971505000305.

[23] David Stoll, « Comment la guerre civile guatémaltèque est devenue un génocide : revisiter le procès de 2013 du général Efraín Ríos Montt », *La revue d'anthropologie latino-américaine et caribéenne* 27, n° 4 (décembre 2022) : 528-39, https://doi.org/10.1111/jlca.12647.

[24] Julia Macdonald et Jacquelyn Schneider, « Orientation présidentielle vers le risque et décisions d'emploi de la force : le cas des armes sans pilote », *Journal de la résolution des conflits* 61, n° 3 (mars 2017) : 511-36, https://doi.org/10.1177/0022002715590874.

[25] Angélica Durán-Martínez et Hillel David Soifer, « Le commerce de la drogue et la violence d'État dans les conflits internes : preuves du Pérou », *Politique et société latino-américaines* 63, n° 4 (2021) : 96-123, https://www.cambridge.org/core/journals/latin-american-politics-and-

CONDITION D

La relation entre le président et l'armée n'est pas sans défis. L'histoire est truffée de cas où l'armée a exigé une plus grande autonomie et son mot à dire sur les questions politiques, recourant parfois à l'intervention des dirigeants civils, qui s'écartaient des compromis convenus.[26] Cette dynamique souligne l'équilibre délicat du pouvoir entre la gouvernance civile et l'influence militaire, avec des implications pour les normes démocratiques et la stabilité. Dans certains cas, l'autonomie de l'armée peut avoir un impact sur sa capacité à gérer efficacement les crises politiques, ce qui pourrait potentiellement augmenter le risque de conflit armé.[27]

Le rôle du président dans l'élaboration de la politique de sécurité nationale peut renforcer ou affaiblir les contrôles politiques sur les forces armées, ce qui peut influencer les réformes de la défense et les tendances à la militarisation dans un pays.[28] La position du président sur les questions de sécurité et les priorités de défense peut façonner l'orientation et l'allocation des ressources de l'armée. Cette réalité met souvent en évidence la nature interconnectée des décisions présidentielles et des capacités militaires.

La relation du président avec l'armée peut également avoir un impact sur la perception du public à l'égard des forces armées, comme le montrent les études examinant la confiance du public dans l'armée dans

---

society/article/drug-trade-and-state-violence-in-internal-conflicts-evidence-from-peru/72B78D7ACA46FA78B2A57A2014B29CF1.

26 Milan W. Svolik, « Contracter sur la violence : l'aléa moral dans la répression autoritaire et l'intervention militaire en politique », *Journal de la résolution des conflits* 57, n° 5 (octobre 2013) : 765-94, https://doi.org/10.1177/0022002712449327.

27 Oren Barak et Dan Miodownik, « Autonomie militaire et équilibre dans les crises politiques : leçons du Moyen-Orient », *Forces armées et société* 47, n° 1 (janvier 2021) : 126-47, https://doi.org/10.1177/0095327X19861738.

28 Raphael C. Lima, Peterson F. Silva et Gunther Rudzit, « Pas de vide de pouvoir : la négligence de la sécurité nationale et le secteur de la défense au Brésil », *Études de défense* 21, n° 1 (2 janvier 2021) : 84-106, https://doi.org/10.1080/14702436.2020.1848425.

des contextes historiques spécifiques.[29] En Haïti, c'est la même chose. En 1994, le président Jean Bertrand Aristide n'avait plus confiance dans les forces armées de son pays. Cette méfiance a été dûment partagée dans la population civile contre l'institution militaire qui s'est vue ardemment contestée dans le milieu populaire et impitoyablement rejetée par le peuple, peut-être pas dans son intégralité, mais tout aussi bien dans sa majorité.

Le rôle du président dans l'armée est un aspect complexe de la gouvernance, qui entremêle le leadership politique, la stratégie militaire et la sécurité nationale. Les décisions du président, son orientation vers les risques et ses relations avec les forces armées peuvent avoir de profondes implications pour la stabilité de la nation, sa posture de défense et ses relations civilo-militaires. Comprendre la dynamique entre le président et l'armée est essentiel pour appréhender comment les interventions militaires, les politiques de défense et les stratégies de sécurité sont formulées et exécutées dans un contexte politique. En Haïti, le ministre de la Défense sert de pont entre l'armée et le président.

Comme illustré dans les sections antérieures, au sommet de cette structure se trouve le président de la République. Selon l'Article 143, le Président « est le Chef nominal des Forces armées ». Toutefois, « Il ne les commande jamais en personne ». Cette disposition établit un leadership civil au plus haut niveau tout en empêchant l'interférence présidentielle directe dans les opérations militaires.

[29] Belkacem Elguettaa, « La confiance du public algérien dans l'armée en tant qu'institution (2011-2020) », *Siyasat Arabiya* 9, n° 51 (2021) : 127-33, https://siyasatarabiya.dohainstitute.org/en/issue051/pages/art07.aspx.

5. Le Premier ministre et l'armee

En Haïti, le Premier ministre joue un rôle fondamental dans le fonctionnement de l'armée. En sa qualité de premier des ministres, le Premier ministre, de concert avec le président de la République, remplit une fonction prépondérante dans la bonne marche des institutions étatiques. Ce rôle s'étend avec le ministre de la Défense. Bien que non explicitement mentionné dans les Articles constitutionnels préalablement cités ou ceux dûment en vigueur, le rôle du ministre de la Défense dans la chaîne de commandement des forces armées d'Haïti peut être pareillement déduit de plusieurs dispositions constitutionnelles clés :

1. L'Article 162 stipule : « Les actes du Premier ministre sont contresignés, le cas échéant par les Ministres chargés de leur exécution ». Cela implique que les actions liées à la défense seraient contresignées par le ministre de la Défense.
2. L'Article 163 établit la responsabilité ministérielle : « Le Premier ministre et les Ministres sont responsables solidairement tant des actes du président de la République qu'ils contresignent que de ceux de leurs ministères ». Cet article place clairement la responsabilité des questions de défense sur le ministre de la Défense.
3. L'Article 169 renforce davantage cela en déclarant : « Les Ministres sont responsables des actes du Premier ministre qu'ils

contresignent. Ils sont solidairement responsables de l'exécution des lois ».

Les Articles susmentionnés établissent collectivement un cadre où le ministre de la Défense, en tant que membre du gouvernement, est responsable de la mise en œuvre de la politique de défense et de la supervision quotidienne des forces armées. Pour ainsi dire, la chaîne de commandement militaire est dirigée par le Commandant en chef des Forces armées d'Haïti, comme spécifier dans l'Article 264-1 (amendée) : « Les Forces armées d'Haïti sont effectivement commandées par un Officier Général ayant pour titre Commandant en Chef ». Cependant, il est crucial de noter que ce leadership militaire est nommé par un processus impliquant plusieurs autorités civiles.

L'Article 141 (amendée) stipule que « Le président de la République, nomme, après délibération en Conseil des ministres et approbation du Sénat, le commandant en chef des forces armées d'Haïti ». Ce processus garantit que même le plus haut leadership militaire est soumis à un contrôle civil. Dans ce contexte, le ministre de la Défense sert de lien essentiel entre le leadership civil et le commandement militaire.

Le Premier ministre, en tant que chef du gouvernement, partage la responsabilité de la Défense Nationale avec le Président, comme stipulé dans l'Article 159.1. L'article lit comme suit : « De concert avec le président de la République, il est responsable de la Défense Nationale ». Cette responsabilité partagée garantit que la politique de défense est formulée aux plus hauts niveaux du gouvernement civil. Cependant, la mise en œuvre quotidienne de la politique de défense et la supervision opérationnelle des forces armées relèvent principalement de la compétence du ministre de la Défense.

CONDITION D

Le ministère de la Défense

Le ministère de la Défense est une entité du cabinet ministériel du gouvernement haïtien. La Constitution de 1987, en ses Articles 158 et 168, établit les paramètres légaux des ministères. L'article 167 précise que « La loi fixe le nombre des Ministères ». Cependant, la fonction ministérielle, selon l'article 168, « est incompatible avec l'exercice de tous autres emplois publics » ou de celle d'un mandat parlementaire (Article 164).

Le choix d'un ministre ou d'un membre du cabinet ministériel se fait entre le président de la République est le Premier ministre (Article 158). Mais comme déjà illustré dans la présente disposition, « Le Premier ministre et les Ministres sont responsables solidairement tant des actes du président de la République qu'ils contresignent que de ceux de leurs ministères » (Article 163). La responsabilité de la Défense Nationale est une prérogative du Premier ministre, « de concert avec le président de la République » (Article 159.1). Dans ce contexte, le ministère de la Défense est le ministère de tutelle des forces armées d'Haïti.

6. Le ministre de la Defense

Le ministre de la Défense est le chef hiérarchique de l'armée. Il a le pouvoir d'instruire les militaires directement ou indirectement dans toutes les affaires, notamment en matière de sécurité nationale. Les niveaux de modification entrent dans cette catégorie. Ainsi, le ministre n'a pas un pouvoir illimité sur l'armée.

Le ministre de la Défense jouit une autorité politique et parfois technique sur les forces armées d'Haïti. De la sorte, il est de la prérogative du ministre de la Défense d'ordonner aux forces armées de se rendre à la condition « 2 » ou à la condition « D » susmentionnée. Certes, tout changement significatif dans l'état de préparation militaire impliquerait généralement une coordination avec d'autres responsables gouvernementaux et les chefs militaires pour assurer une réponse cohérente en matière de sécurité nationale. Mais l'application des ordres du ministre est technique.

Lorsque le président de la République ou le Premier ministre donne l'ordre de placer l'armée en condition D, cet ordre est généralement communiqué via une chaîne de commandement bien définie. En premier lieu, l'ordre est transmis du premier des ministres au ministre de la Défense. Celui-ci transmet l'ordre au Chef d'état-major des armées, généralement c'est le chef de l'armée elle-même. Celui-ci, à son tour, communique l'ordre aux commandants des différentes branches des forces armées, telles que l'armée de terre, la marine et l'armée de l'air. Chaque commandant de branche informe ensuite les commandants des corps d'armée et des divisions respectives. Finalement, ces commandants transmettent l'ordre à travers les échelons inférieurs jusqu'aux unités opérationnelles. Durant ce processus, des moyens de communication sécurisés sont utilisés pour garantir que l'ordre est transmis rapidement et sans ambiguïté, assurant ainsi l'entrée en vigueur efficiente de la condition D dans toutes les unités concernées.

Les privilèges du ministre de la Défense

Les privilèges du ministre de la Défense sont immuables, indubitables et sans équivoques. Le ministre dudit ministère a le devoir de travailler d'arrache-pied pour maintenir la défense de la nation. Toutes manœuvres visant à mettre en doute les attributions du ministre de la Défense, par conséquent le ministère de la Défense, sont très dangereuses pour la sécurité nationale à court et à long terme. Ces attaques ciblées sont politiques en nature. Elles représentent une menace pour la paix et la stabilité de l'état. Par conséquent, ces attaques représentent aussi une menace existentielle pour le pays tout entier.

Dans un contexte haïtien et en vertu des lois en vigueur, le ministre de la Défense a les prérogatives d'instruire (ou d'intimer) directement ou par l'entremise du chef de l'armée, des directives administratives ayant rapport avec la sécurité nationale. Le ministre peut, dans ses évaluations discrétionnaires, communiquer des instructions directes ou indirectes à l'armée ou ses personnels respectifs. Il peut les rendre publics ou autres, dépendamment de la nature secrète de ces communications, tout rapport avec les responsables militaires. Le ministre est le chef hiérarchique du chef de l'armée, du fait de l'autorité constitutionnelle du président de la République.

Il convient de noter que les détails exacts des conditions de préparation militaire ou des communications entre le ministre de la

Défense et les autorités militaires doivent rester classifiés. Tout aussi bien, la mise en œuvre de l'alerte de préparation peut varier en fonction de la situation spécifique ou du niveau de menace. L'armée ou d'autres responsables concernés peuvent ajuster le système de préparation ou sa mise en œuvre au fil du temps.

Les prérogatives du ministre de la Défense

Les prérogatives du ministre de la Défense sont celles du président de la République, mais se sont de la sorte de façon déféré. C'est ainsi particulièrement dans le cadre de l'application de la politique de Défense du chef de l'État. D'une manière générale, un ministre de la Défense, également connu sous le nom de secrétaire à la Défense dans certains pays, a des responsabilités clés.

Les prérogatives du ministre de la Défense en Haïti, telles que décrites, illustrent l'étendue et la complexité de cette fonction cruciale au sein de l'appareil gouvernemental. Ces responsabilités multidimensionnelles méritent une analyse approfondie pour comprendre leur impact sur la sécurité nationale et la gouvernance du pays. En premier lieu, la surveillance militaire constitue le cœur des fonctions du ministre de la Défense. Ce dernier est chargé de gérer et de diriger les forces armées, ce qui implique une compréhension approfondie des enjeux stratégiques et tactiques auxquels le pays fait face. Cette responsabilité nécessite une collaboration étroite avec le haut commandement militaire pour assurer l'efficacité opérationnelle des troupes.

L'élaboration et la mise en œuvre des politiques et stratégies de défense sont des aspects fondamentaux de la sécurité nationale. Le ministre doit anticiper les menaces potentielles, qu'elles soient internes ou externes, et développer des réponses adaptées. Cette tâche exige une vision à long terme et une capacité à adapter les stratégies en fonction de l'évolution du contexte géopolitique régional et mondial.

La gestion du budget de la défense est une responsabilité cruciale qui requiert un équilibre délicat entre les besoins militaires et les contraintes financières du pays. Le ministre doit optimiser l'allocation des ressources pour maintenir une force de défense efficace tout en respectant les limites budgétaires imposées par le gouvernement.

Sur le plan international, le ministre de la Défense joue un rôle diplomatique important en représentant le pays dans les affaires liées à la défense. Cette fonction implique la participation à des sommets internationaux, la négociation d'accords de coopération militaire et la gestion des relations avec les alliés stratégiques d'Haïti.

La gestion de crise est une compétence essentielle, particulièrement dans un contexte haïtien parfois instable. Le ministre de la Défense doit être capable de coordonner rapidement et efficacement les réponses aux menaces à la sécurité nationale, qu'il s'agisse de catastrophes naturelles, de troubles civils ou de menaces extérieures.

La modernisation militaire est un défi permanent pour assurer que les forces armées haïtiennes restent à la pointe de la technologie. Le ministre de la Défense supervise l'acquisition de nouveaux systèmes d'armes et de technologies. C'est un processus qui nécessite une compréhension approfondie des avancées technologiques et de leur pertinence pour les besoins spécifiques du pays.

La gestion du personnel militaire est une responsabilité qui va au-delà de simples considérations administratives. Elle englobe le recrutement, la formation et le bien-être des troupes, aspects essentiels pour maintenir une force motivée et efficace.

La coordination du renseignement est cruciale pour une évaluation précise des menaces. Le ministre de la Défense doit travailler en étroite collaboration avec les agences de renseignement pour analyser et interpréter les informations stratégiques. Ceci permettra une prise de décision éclairée en matière de défense.

Le maintien de relations civilo-militaires équilibrées est fondamental dans une démocratie. Le ministre doit veiller à ce que l'armée reste sous un contrôle civil approprié. Cela étant dit, l'armée doit préserver son efficacité opérationnelle.

En tant que conseiller politique, le ministre joue un rôle clé auprès du chef du gouvernement sur toutes les questions relatives à la défense. Cette fonction exige une compréhension approfondie non seulement des enjeux militaires, mais aussi de leurs implications politiques et sociales. Pour ainsi dire, les attributions du ministre de la Défense reflètent la complexité et l'importance de ce poste dans la gouvernance du pays. Elles nécessitent un équilibre constant entre les impératifs de sécurité nationale, les contraintes budgétaires, les considérations diplomatiques et le respect des principes démocratiques. Dans le contexte haïtien, marqué par des défis sécuritaires et politiques uniques, le rôle du ministre de la Défense est particulièrement crucial pour assurer la stabilité et la sécurité du pays.

LES PREROGATIVES DU MINISTRE DE LA DEFENSE

Les prérogatives du ministre de la Défense incluent les attributions suivantes :

1. Surveillance militaire
    1. Gérer et diriger les forces armées.
2. Sécurité nationale
    1. Élaboration et mise en œuvre de politiques et de stratégies de défense.
3. Gestion du budget
    1. Superviser le budget de la défense et l'allocation des ressources.
4. Relations internationales
    1. Représenter le pays dans les affaires diplomatiques liées à la défense.
5. Gestion de crise
    1. Coordonner les réponses aux menaces à la sécurité nationale.
6. Modernisation militaire
    1. Superviser l'acquisition de nouveaux systèmes d'armes et de nouvelles technologies.
7. Gestion du personnel
    1. Superviser
        1. Le recrutement du personnel militaire
        2. La formation du personnel militaire
        3. Le bien-être du personnel militaire
8. Coordination du renseignement : Travailler avec les agences de renseignement pour évaluer les menaces.

9. Relations civilo-militaires

  1. **Assurer un contrôle civil approprié sur l'armée.**

10. Conseiller politique

  1. **Conseiller le chef du gouvernement sur les questions de défense.**

La politique et le ministre de la Défense

Les tâches spécifiques d'un ministre de la Défense peuvent varier en fonction de la structure gouvernementale et des lois du pays en question. Toutefois, la relation entre le ministre de la Défense et le chef de l'armée doit être guidée par les principes étatiques et les normes en vigueur. En ce sens, le lien hiérarchique entre le ministre de la Défense et le chef de l'armée (ou plus largement, les chefs des différentes branches militaires) est un aspect essentiel des relations civilo-militaires.

La relation entre le ministre de la Défense et le chef de l'armée en Haïti, telle que décrite, illustre la complexité et les subtilités du contrôle civil sur l'institution militaire dans un cadre démocratique. Cette dynamique est essentielle au fonctionnement d'un État de droit. Celle-ci mérite pareillement une analyse approfondie pour mieux comprendre les implications et les enjeux dans le rapport civilo-militaire en Haïti.

Le principe fondamental du contrôle civil sur l'armée (discuté plus tard) est incarné par la position supérieure du ministre de la Défense par rapport au chef de l'armée. Cette hiérarchie, ancrée dans la structure gouvernementale haïtienne, affirme clairement que l'armée n'est pas une entité autonome, mais bien un instrument au service de l'État et, par extension, du peuple. Ce principe est particulièrement crucial dans un pays comme Haïti, où l'histoire a parfois été marquée par des périodes d'instabilité politique et d'interventions militaires.

La chaîne de commandement illustré antérieurement à travers cet ouvrage place le ministre de la Défense comme un intermédiaire essentiel entre le pouvoir politique suprême (le président de la République ou le Premier ministre) et le commandement militaire. Cette position stratégique lui permet de traduire les orientations politiques en directives opérationnelles pour les forces armées. Il assure ainsi une cohérence entre la vision politique et la réalité militaire sur le terrain.

La distinction entre les rôles du ministre de la Défense et du chef de l'armée est cruciale pour une gestion efficace de la défense nationale. Alors que le ministre se concentre sur les aspects politiques et stratégiques, le chef de l'armée se charge des questions opérationnelles et tactiques. Cette répartition des responsabilités permet une spécialisation des compétences et une prise de décision éclairée à tous les niveaux.

Le rôle consultatif du chef de l'armée auprès du ministre de la Défense est essentiel. Celui-ci garantit que les décisions politiques sont prises en tenant compte des réalités militaires. Cette interaction constante entre expertise militaire et vision politique est cruciale pour l'élaboration de politiques de défense efficaces et réalistes.

Les négociations budgétaires illustrent parfaitement la dynamique complexe entre ces deux figures. Le chef de l'armée, en défendant les besoins militaires, et le ministre de la Défense, en cherchant à équilibrer ces demandes avec les autres priorités gouvernementales, doivent trouver ensemble un terrain d'entente pour assurer une défense efficace. Mais ils doivent le faire tout en respectant les contraintes budgétaires du pays.

Les tensions potentielles entre le ministre et le chef de l'armée sont inhérentes à leurs rôles respectifs. Ces frictions, lorsqu'elles sont gérées de manière constructive, peuvent conduire à des débats fructueux et à des décisions plus équilibrées. Cependant, il est crucial que ces désaccords ne remettent pas en question la hiérarchie établie, sauf dans des circonstances exceptionnelles clairement définies par la loi.

La coordination étroite entre le ministre et le chef de l'armée sur des questions cruciales comme les déploiements militaires ou les acquisitions d'équipements est indispensable. Le but c'est de travailler ensemble pour assurer une défense nationale cohérente et efficace. Cette collaboration doit transcender les différences de perspective pour servir l'intérêt national.

En termes de représentation publique, la distinction entre les rôles politiques du ministre et les aspects militaires traités par le chef de l'armée permet une communication claire et ciblée avec le public. Cette répartition des rôles contribue à maintenir la séparation nécessaire entre le politique (ou le politicien) et le militaire aux yeux de la population.

La question de la responsabilité souligne l'importance du contrôle démocratique sur les forces armées. Le ministre est responsable devant le Parlement. Cette réalité incarne la supervision civile de l'armée. Le chef de l'armée, quant à lui, est soumis à une double responsabilité. Il est responsable envers le ministre et, dans certains cas, directement envers les comités de surveillance législative. Cette structure de responsabilité garantit que les actions militaires restent sous le contrôle des institutions démocratiques.

En Haïti, la relation entre le ministre de la Défense et le chef de l'armée reflète un équilibre délicat entre contrôle civil, expertise militaire et principes démocratiques. Cette dynamique, essentielle à la stabilité et à la sécurité du pays, nécessite une vigilance constante et un respect mutuel des rôles et responsabilités de chacun. Dans le contexte haïtien, marqué par des défis sécuritaires et politiques uniques, le maintien de cet équilibre est crucial pour assurer une gouvernance efficace et démocratique du secteur de la défense.

LE MINISTRE DE LA DEFENSE ET LE CHEF DE L'ARMEE

Les points clés de la relation entre le ministre de la Défense et le chef de l'armée peuvent être compris selon les prérogatives suivantes :

1. Contrôle civil : Le ministre de la Défense, en tant que personne nommée par un civil ou un groupe de civil (dans le cadre d'un conseil présidentiel de transition ou autre), est généralement supérieur au chef de l'armée. Cette réalité incarne le principe du contrôle civil sur l'armée.
    1. L'armée d'Haïti n'est pas une entité autonome ou souveraine, surtout dans un cadre démocratique.
2. Chaîne de commandement : Dans de nombreux pays, notamment en Haïti, le ministre de la Défense fait partie de la chaîne de commandement entre le chef de l'État (dont le Président de la République est le chef suprême) ou le gouvernement (dont le premier des ministres est le chef du gouvernement) et les dirigeants militaires (dont le général en chef de l'armée est le chef des forces armées d'Haïti).
3. Politique ou opérations : Le ministre de la Défense se concentre généralement sur les décisions politiques et stratégiques, tandis que le chef de l'armée s'occupe des questions opérationnelles et tactiques.
4. Rôle consultatif : Le chef de l'armée est le principal conseiller militaire du ministre de la Défense. Il doit fournir des conseils d'expert sur les capacités et les besoins militaires.
5. Négociations budgétaires : Le ministre de la Défense et le chef de l'armée travaillent ensemble sur les questions budgétaires.
    1. Le chef de l'armée d'Haïti défend les besoins militaires.
    2. Le ministre de la Défense cherche à équilibrer les demandes et les besoins militaires avec les priorités gouvernementales plus larges.

LE MINISTRE DE LA DEFENSE ET LE CHEF DE L'ARMEE

6. Tension potentielle : Il peut y avoir des frictions entre le ministre de la Défense et le chef de l'armée. C'est généralement le cas quand il y a des désaccords sur la politique, la stratégie ou l'allocation des ressources, qu'elles sont budgétaires ou autres. Nonobstant, la hiérarchie ou la chaîne de commandement doit rester intacte.
    1. Le ministre de la Défense est le supérieur hiérarchique du chef de l'armée, sauf en cas de suprématie militaire ou dans des circonstances spéciales ou quand les lois martiales sont applicables, ce qui se produit généralement en dehors des normes démocratiques.
7. Coordination : Le ministre de la Défense et le chef de l'armée doivent se coordonner étroitement sur des questions telles que les déploiements militaires, les achats d'équipements majeurs et les réponses aux menaces à la sécurité.
8. Représentation publique : Le ministre de la Défense et le chef de l'armée peuvent avoir des rôles ayant des rapports directs avec le public.
    1. Malgré cela :
        1. Le ministre de la Défense s'occupe souvent des aspects politiques.
        2. Le chef de l'armée se concentre sur les questions militaires.
9. Responsabilité : Le ministre de la Défense est souvent responsable devant le Parlement. Cependant, le chef de l'armée est responsable à la fois devant le ministre de la Défense et parfois directement devant les comités de surveillance législative.

Pour maintenir un bon rapport avec les membres des forces armées, le ministre de la Défense pourrait adopter une approche de communication transparente et régulière, assurant ainsi que les militaires se sentent informés et valorisés. Il est essentiel de reconnaître et de célébrer les accomplissements et les sacrifices des soldats, en organisant des cérémonies et des récompenses. Le ministre pourrait promouvoir un environnement de travail respectueux et sécuritaire, en considérant les inquiétudes des militaires et en prenant des mesures pour y répondre. En visitant régulièrement les bases militaires et en interagissant directement avec les troupes, il renforcerait la confiance et montrerait son engagement envers leur bien-être et leur mission.

7. Le Parlement haïtien et l'armee

Le Parlement haïtien a un rôle à jouer dans le mécanisme de commande des entreprises militaires haïtiennes. Il faut dire formellement que le texte constitutionnel de 1987, notamment le document amendé de 2012, n'établit pas explicitement un contrôle parlementaire direct sur le ministre de la Défense ou sur l'armée. Cependant, certaines dispositions concernent le contrôle parlementaire, même si elles ne s'adressent pas spécifiquement au ministre de la Défense ou à l'armée.

La législature haïtienne joue un rôle important dans la hiérarchie de l'armée. C'est ainsi grâce à ses structures d'investigations spécifiques, conformément aux Articles 118, 129-2, 266, et 267-2 de la version amendée de la Constitution. Le ministre de la Défense occupe une position clé dans cette chaîne de commandement. De la sorte aussi, ses attributions sont définies par les Articles 162, 163 et 169.

Les paramètres légaux

Voici quelques points pertinents qui peuvent expliquer les paramètres légaux du rôle parlementaire sur l'armée en Haïti :

1. L'article 118 dispose : « Chaque chambre a le droit d'enquêter sur les affaires dont elle est saisie. »
    a. Cela confère un pouvoir général d'enquête aux deux chambres du pouvoir législatif.
2. L'article 129-2 dispose : « Tout membre des deux (2) Chambres a le droit d'interroger et d'interpeller un membre du

Gouvernement ou l'ensemble du Gouvernement sur les événements et actes de l'Administration ».

   a. Cela donne aux législateurs le pouvoir d'interroger n'importe quel ministre du gouvernement, y compris le ministre de la Défense.

3. Les Articles 129-3 à 129-6 décrivent un processus d'interpellation pouvant conduire à un vote de confiance ou à une censure à l'encontre du gouvernement.
   a. Bien que cet article s'applique à l'ensemble du gouvernement plutôt qu'à des ministres spécifiques, cela fournit un mécanisme de contrôle parlementaire du pouvoir exécutif.
4. L'article 266 décrit les responsabilités des forces armées, qui incluent la défense du pays, la protection contre les menaces extérieures et l'assistance en cas de catastrophes naturelles.
   a. Cela définit la portée des activités militaires que le Parlement pourrait potentiellement superviser.
5. L'article 267.2 mentionne que les conditions d'engagement, de grades, de promotions, de licenciements et de retraites dans l'armée sont déterminées par le règlement des forces armées.
   a. Bien que cela ne soit pas explicitement indiqué, ces réglementations pourraient potentiellement être soumises à un examen ou à une approbation parlementaire.
6. L'article 268 fait référence à un service civique national obligatoire, auquel participent les forces armées. L'article précise aussi que « La loi détermine le mode de recrutement, la durée et les règles de fonctionnement de ces services ».
   a. Cela suggère que le Parlement a un certain rôle à jouer dans la législation sur certains aspects du service militaire.

CONDITION D

7. L'article 276 donne à l'Assemblée nationale le pouvoir de ratifier les traités et les accords internationaux.
   a. Cela pourrait inclure des accords liés à la défense.
8. Les Articles 278.1 à 278.4 décrivent la procédure de déclaration de l'état de siège, qui nécessite l'approbation et le renouvellement continu de l'Assemblée nationale.
   a. Cela donne au Parlement un certain contrôle dans des situations extrêmes pouvant impliquer une action militaire.

Ces articles sont importants car ils définissent les compétences et les responsabilités des différentes chambres du Parlement vis-à-vis du gouvernement et des forces armées. Ils assurent une surveillance démocratique du pouvoir exécutif et des activités militaires. Ceci est primordial pour assurer le bon fonctionnement des entreprises militaires. C'est aussi nécessaire pour maintenir un bon rapport entre les trois pouvoirs de l'état et les forces armées d'Haïti.

Les attributions du ministère de la Défense par rapport à l'armée sont sans équivoques. Le rôle du pouvoir législatif est clairement établi dans le fonctionnement des forces armées. L'article 118 confère un pouvoir d'enquête aux chambres législatives, renforçant leur capacité de contrôle. L'article 129-2 octroie également aux législateurs la possibilité d'interpeller les membres du gouvernement, assurant une visibilité et une responsabilité accrues. Les articles 129-3 à 129-6 établissent un mécanisme de censure ou de vote de confiance, renforçant le contrôle parlementaire sur le gouvernement.

Les articles 266, 267.2, et 268 décrivent les responsabilités des forces armées et les conditions du service militaire, soulignant le rôle du Parlement dans la législation militaire. L'article 276 attribue à l'Assemblée nationale le pouvoir de ratifier des accords internationaux, y compris ceux liés à la défense, tandis que les articles 278.1 à 278.4 traitent de la déclaration de l'état de siège, nécessitant l'approbation parlementaire. Ainsi, ces articles garantissent un équilibre des pouvoirs et permettent au Parlement de jouer un rôle crucial dans la supervision et la législation liée à la défense et à la sécurité nationale.

8. Le commandant en chef des forces armees d'Haïti

En Haïti, le rapport entre l'institution militaire, dont les forces armées d'Haïti (FAd'H), et les autorités civiles, est toujours teinté de controverse. Dans un contexte démocratique, les forces armées ne constituent pas une entité suprême. Une entreprise militaire est ordinairement placée sous l'obédience directe des civils. Ainsi, la suprématie militaire est antithétique aux notions démocratiques.

Dans le cas d'Haïti, le président de la République est le chef suprême des forces armées. De la sorte, la chaîne de commande, dont le ministre de la Défense en fait partie, est un mécanisme avéré de la hiérarchie des forces armées. Ledit ministère est l'autorité naturelle et supérieure des forces armées d'Haïti. Sa légitimité émane de celle du président de la République, en tant que chef nominal des forces armées, une fonction que ce dernier ne remplit pas directement.

Fonctions d'un chef de l'armée

Les responsabilités d'un général en chef de l'armée sont étendues et essentielles au bon fonctionnement de la hiérarchie militaire. Un général en chef est principalement responsable de la supervision et de la coordination des opérations, des stratégies et des tactiques militaires.[30]

---

[30] Mocombe Pc, « Hegel, Haïti et l'anti-dialectique », *Revue internationale de philosophie* 6, n° 1 (2023) : 1-5, https://doi.org/10.23880/phij-16000285.

L'objectif est d'assurer la préparation et l'efficacité des forces armées sous son commandement.[31] Assurer l'état de préparation de l'ensemble de l'armée, y compris l'entraînement, l'entretien de l'équipement et la préparation opérationnelle, est une tâche prépondérante d'un général en chef de l'armée.[32]

Un général en chef de l'armée joue un rôle déterminant dans l'élaboration et la mise en œuvre de la doctrine et des stratégies militaires, qui s'alignent sur les objectifs de sécurité nationale.[33] Cela implique la création de plans pour le développement, l'entraînement et la modernisation des forces armées.[34] L'objectif est d'améliorer les capacités et l'efficacité de l'armée dans divers environnements opérationnels.[35] Le chef d'état-major de l'armée joue un rôle crucial dans l'orientation et les priorités de l'armée, influençant les décisions sur l'allocation des ressources, la structure des forces et les concepts opérationnels.[36]

Le leadership est un autre aspect fondamental des fonctions d'un général en chef de l'armée. En tant qu'un officier militaire le plus haut gradé, le chef d'état-major de l'armée fournit des conseils stratégiques, une direction et une vision aux commandants et aux troupes subordonnés.[37] Un leadership efficace implique d'inspirer et de motiver le personnel, de favoriser une culture de professionnalisme et

---

[31] Mocombe Pc, « Hegel, Haïti et l'anti-dialectique », *Revue internationale de philosophie* 6, n° 1 (2023) : 1-5, https://doi.org/10.23880/phij-16000285.

[32] Mocombe Pc, « Hegel, Haïti et l'anti-dialectique », *Revue internationale de philosophie* 6, n° 1 (2023) : 1-5, https://doi.org/10.23880/phij-16000285.

[33] Smith, « L'exil en Haïti au XIXe siècle ».

[34] Smith, « L'exil en Haïti au XIXe siècle ».

[35] Smith, « L'exil en Haïti au XIXe siècle ».

[36] Stieber, *La guerre du papier en Haïti*.

[37] Oxford Analytica, « Une nouvelle armée pourrait menacer la stabilité politique haïtienne ».

d'excellence et d'assurer la cohésion des opérations vers des objectifs communs.[38] Le chef d'état-major de l'armée donne le ton organisationnel de la culture, des valeurs et de l'éthique au sein de l'institution militaire.

Les prérogatives d'un général en chef de l'armée

Un général en chef de l'armée est responsable de la gestion et de la supervision de la formation et du perfectionnement professionnel du personnel militaire sous son commandement.[39] Cela comprend le mentorat des futurs dirigeants, la promotion de l'apprentissage et de l'amélioration continus et la garantie que les troupes possèdent les compétences et les connaissances nécessaires pour leurs rôles.[40] Le chef d'état-major de l'armée joue un rôle essentiel dans l'élaboration des programmes d'éducation et de formation qui préparent les soldats aux défis sur le terrain.

Le chef d'état-major de l'armée est un conseiller clé pour les dirigeants politiques et les décideurs politiques sur les questions militaires. Il fournit des conseils d'expert sur la politique de défense, la stratégie de sécurité nationale et les opérations militaires.[41] Ce rôle

---

[38] Oxford Analytica, « Une nouvelle armée pourrait menacer la stabilité politique haïtienne ».

[39] Christopher Davis, « L'histoire en tant qu'ennemi et instructeur : leçons tirées d'Haïti, 1915-1934 », *Revue des hautes études militaires* 11, n° 1 (2020) : 32-43, https://muse.jhu.edu/pub/419/article/796237.

[40] Christopher Davis, « L'histoire en tant qu'ennemi et instructeur : leçons tirées d'Haïti, 1915-1934 », *Revue des hautes études militaires* 11, n° 1 (2020) : 32-43, https://muse.jhu.edu/pub/419/article/796237.

[41] Jean Maria Arrigo et Richard V Wagner, « Introduction : un dialogue entre la psychologie de la paix et l'éthique militaire », *Paix et conflit* 11, n° 1 (2005) : 1-7.

consultatif consiste à articuler le point de vue des militaires sur diverses questions, à plaider en faveur de ressources et de soutien, et à contribuer aux processus décisionnels touchant les forces armées et la sécurité nationale.[42] Le chef d'état-major de l'armée assure la liaison entre les dirigeants militaires et civils. Il assure une communication et une coordination efficaces.

Les fonctions d'un général en chef de l'armée englobent un ensemble diversifié de responsabilités, dont beaucoup sont cruciales pour le fonctionnement efficace de l'organisation militaire. Qu'il s'agisse d'assurer la disponibilité opérationnelle et l'efficacité opérationnelle ou de fournir un leadership et des conseils stratégiques, le chef d'état-major de l'armée joue un rôle central dans l'orientation et les capacités des forces armées. À ce titre, il est le premier officier ; il est le premier militaire.

Si le chef de l'armée se sent mal à l'aise de recevoir des ordres du ministre de la Défense, il pourrait prendre plusieurs mesures. Tout d'abord, il est crucial qu'il organise une réunion privée avec le ministre pour discuter de ses préoccupations de manière franche et professionnelle. La communication ouverte pourrait aider à clarifier les malentendus et à renforcer la confiance mutuelle.

Le chef de l'armée pourrait aussi consulter ses supérieurs, tels que le Premier ministre ou le président de la République (ou le Président du Conseil Présidentiel de Transitions dans certains contextes) pour relater ses préoccupations. Il pourrait consulter des conseillers juridiques pour obtenir des conseils et comprendre les implications légales et institutionnelles de la situation. Il est pareillement possible de demander la médiation d'une tierce partie neutre pour faciliter la résolution du conflit. Enfin, en cas d'incompatibilité majeure, il pourrait considérer la possibilité de solliciter un changement de poste ou même de

---

[42] Jean Maria Arrigo et Richard V Wagner, « Introduction : un dialogue entre la psychologie de la paix et l'éthique militaire », *Paix et conflit* 11, n° 1 (2005) : 1-7.

démissionner, tout en assurant une transition la plus harmonieuse possible pour maintenir la stabilité de l'institution militaire.

9. Condition 2 ou D : Definition

La notion de « condition 2 » existe dans le contexte militaire dans certains pays. Il s'agit d'un système de niveaux de préparation, qui comprend ce que l'on appelle souvent la « condition 2 » ou parfois la « condition D ». Cela fait partie du système d'alerte et de préparation de l'armée.

Le système d'Échelons d'alerte utilisé par certaines forces armées, notamment en Haïti, représente un outil crucial pour la gestion de la préparation militaire et la réponse graduée aux menaces potentielles. Ce système, structuré en quatre niveaux numérotés de 1 à 4, offre une flexibilité opérationnelle essentielle pour adapter la posture des forces armées à l'évolution de la situation sécuritaire.

L'Échelon d'alerte 2, ou « condition 2 », occupe une position intermédiaire dans cette hiérarchie. Il signale un état de préparation accru, dépassant le niveau des opérations routinières en temps de paix, sans pour autant atteindre les niveaux d'alerte les plus élevés. Cette position médiane permet une réponse proportionnée à des situations de tension émergente ou à des menaces potentielles, sans pour autant déclencher une mobilisation totale qui pourrait être perçue comme une escalade injustifiée.

LE SYSTEME D'ÉCHELONS D'ALERTE

Les spécificités de ce système d'alerte militaire sont les suivantes :

1. Dans certains cas, l'armée utilise un système connu sous le nom de « Échelons d'alerte ».
2. Généralement, ce système comprend quatre niveaux.
   A. Ils sont numérotés de 1 à 4.
3. L'Échelon d'alerte 2 est considéré comme un état de préparation accru.
   A. Cet échelon est au-dessus des opérations normales en temps de paix.
   B. Il est inférieur aux niveaux d'alerte les plus élevés.
4. La condition 2 comprend les éléments suivants :
   A. Vigilance accrue
   B. Rappel du personnel militaire
   C. Préparation de certains équipements ou unités en vue d'un déploiement potentiel.
5. Les détails sur ce qu'implique la « condition 2 » peuvent varier en fonction des besoins ou des capacités opérationnelles d'une branche spécifique de l'armée.
   A. Cela peut également dépendre de la situation actuelle, des situations géopolitiques ou des réalités de la sécurité nationale.
6. L'utilisation de « D » au lieu de « 2 » dans certains contextes peut être due à des conventions de nommage différentes ou à des pratiques unitaires spécifiques.

L'objectif de la condition « D »

La mise en œuvre de la condition 2 implique plusieurs mesures concrètes visant à renforcer la capacité de réaction des forces armées. La vigilance accrue constitue le premier pilier de cet état d'alerte. Elle se traduit par une intensification des activités de surveillance et de renseignement, permettant une meilleure anticipation des menaces potentielles.

Le rappel du personnel militaire est une composante essentielle du système de condition D. Cette approche aide à assurer que les effectifs nécessaires sont disponibles pour répondre rapidement à toute évolution de la situation. Enfin, la préparation de certains équipements ou unités en vue d'un déploiement potentiel garantit une capacité de projection rapide si la situation venait à s'aggraver.

Il est important de noter que les implications précises de la condition 2 peuvent varier selon les branches distinctives de l'armée et les circonstances particulières. Cette flexibilité permet d'adapter la réponse aux besoins opérationnels spécifiques de chaque composante des forces armées, qu'il s'agisse de l'armée de terre, de la marine, ou de l'armée de l'air. De plus, les mesures prises peuvent être modulées en fonction de la nature de la menace, qu'elle soit d'origine interne ou externe, et des réalités géopolitiques du moment.

L'utilisation occasionnelle de la désignation « D » au lieu de « 2 » pour ce niveau d'alerte souligne la diversité des pratiques et des conventions de nommage au sein des différentes unités ou branches des forces armées. Cette variation terminologique, bien que pouvant sembler anodine, reflète la complexité et la spécificité des systèmes de commandement et de contrôle militaires.

En résumé, la notion de « condition 2 » joue un rôle fondamental dans la stratégie de préparation militaire. Elle offre une réponse proportionnée et ciblée face à des menaces potentielles. Ce système d'Échelons d'alerte permet une gestion flexible et graduelle des tensions, respectant ainsi le besoin d'équilibre entre réaction militaire et maintien de la stabilité sociale.

La variation terminologique comme l'usage de « D » au lieu de « 2 » illustre également la diversité et la complexité des pratiques militaires. Pour des pays comme Haïti, confrontés à une multitude de défis sécuritaires, la capacité à adapter rapidement le niveau de préparation des forces armées est cruciale. La condition 2 se révèle ainsi être un outil essentiel pour une réponse efficace et mesurée, garantissant la protection nationale tout en évitant des escalades injustifiées. En quelque sorte, l'approche nuancée incarnée par ce système d'alerte représente une nécessité opérationnelle vitale pour les forces armées modernes naviguant dans des contextes géopolitiques changeants et souvent imprévisibles.

10. Le systeme DEFCON

Les États-Unis d'Amérique ont un système de préparation surnommé le DEFCON. C'est la version américaine de la condition dite « D ». C'est un système connu sous l'appellation « Defense Readiness Condition », autrement dit le DEFCON. C'est un système utilisé par les forces armées américaines pour indiquer différents niveaux de préparation et de vigilance face à des menaces potentielles. Ce système est souvent utilisé comme moyen rapide de communiquer le niveau de menace et de préparation militaire. Généralement, ses détails précis et ses implications exactes sont classifiés.

Le système DEFCON comporte cinq niveaux numérotés. Il va du DEFCON 5 (le niveau le plus bas) au DEFCON 1. Celui-ci est le niveau le plus élevé. Chaque niveau correspond à un degré croissant de préparation militaire.

Le système DEFCON, initialement développé par les forces armées américaines, représente un modèle structuré et gradué de préparation militaire face aux menaces potentielles. Bien que ce système soit spécifique aux États-Unis, son analyse offre des perspectives sur la gestion des niveaux d'alerte militaire, qui peuvent être pertinentes pour d'autres pays, y compris Haïti, dans leur approche de la sécurité nationale.

DEFCON 5, le niveau le plus bas, correspond à l'état normal en temps de paix. Dans ce contexte, les forces armées maintiennent une vigilance de routine, sans menace spécifique identifiée. Pour Haïti, cet état pourrait représenter la situation quotidienne où les forces de sécurité assurent leurs missions habituelles de protection du territoire et de la population.

DEFCON 4 marque une augmentation de la vigilance et un renforcement des mesures de sécurité. Ce niveau pourrait être comparé à l'état de pré-alerte mentionné précédemment dans le contexte haïtien. Il implique une surveillance accrue et une préparation plus poussée en réponse à des tensions émergentes ou à des signes de menaces potentielles.

DEFCON 3 représente une escalade significative, avec une augmentation de la disponibilité des forces au-delà de la normale. Dans le contexte haïtien, cela pourrait correspondre à un état d'alerte où les forces armées sont mobilisées pour faire face à une menace spécifique, comme une crise frontalière ou des troubles internes majeurs.

DEFCON 2 indique une préparation à la guerre imminente. C'est un niveau rarement atteint. Pour Haïti, un équivalent pourrait être déclaré en cas de menace extrêmement grave pour la sécurité nationale, nécessitant une mobilisation presque totale des forces armées et des ressources du pays.

DEFCON 1, le niveau le plus élevé, signale une guerre nucléaire imminente ou en cours dans le contexte américain. Bien que la menace nucléaire ne soit pas directement applicable à Haïti, ce niveau pourrait être comparé à un état d'urgence nationale extrême. À ce point-là, toutes les ressources du pays sont mobilisées pour faire face à une menace existentielle, telles qu'un ouragan ou un tremblement de terre.

Histoire du système DEFCON

Le système DEFCON a été introduit pour la première fois pendant la Guerre froide aux États-Unis. Il a été établi en 1959 sous la direction des chefs d'état-major interarmées et du Commandant en chef du Commandement aérien stratégique (SAC). Toutefois, le développement de protocoles de préparation militaire relevait de la responsabilité des dirigeants militaires et des planificateurs stratégiques.

Les individus à l'origine du système ne sont pas largement divulgués ou documentés dans des sources facilement accessibles. Cela est en partie dû à la nature classifiée des protocoles militaires et de la planification stratégique pendant l'ère de la Guerre froide. Typiquement, le développement d'un tel système aurait impliqué des stratèges militaires, des planificateurs et des commandants au sein du Département de la Défense des États-Unis, notamment ceux responsables de la stratégie et de la préparation nucléaires.

Bien que les noms exacts des individus impliqués dans la création du système DEFCON ne soient pas publiquement connus, on comprend que le système a été développé de manière collaborative par des experts militaires et des dirigeants au sein de « l'establishment » militaire américain. Ces efforts auraient été coordonnés entre les différentes branches des forces armées et les commandements stratégiques. Le but était d'assurer une approche unifiée de la préparation et de la réponse face à des tensions ou menaces croissantes.

Le concept de base des niveaux de préparation semble simple. Mais les détails et les implications de chaque niveau DEFCON, y compris les actions spécifiques, les protocoles de communication et les critères de préparation, sont hautement classifiés. Ces détails nécessiteraient une planification minutieuse, une coordination entre divers commandements militaires et la prise en compte des circonstances géopolitiques. Bien que la simplicité des niveaux DEFCON (allant de 5 à 1) pourrait suggérer un système direct, sa mise en œuvre et les protocoles associés à chaque niveau sont plus complexes et nuancés.

Le système de DEFCON, avec ses cinq niveaux, offre une échelle graduée pour évaluer et répondre aux menaces à la sécurité nationale. DEFCON 5 symbolise une tranquillité relative, un état de paix sans menace imminente, tandis que DEFCON 1, le niveau le plus élevé, représente une phase critique où une guerre nucléaire pourrait être imminente ou déjà en cours. Cette structure permet aux forces armées de s'adapter rapidement aux variations des tensions internationales, passant d'une vigilance standard à une préparation maximale en fonction des circonstances. Le système DEFCON est un outil essentiel pour garantir une réponse proportionnée et efficace face aux crises potentielles, assurant que la sécurité nationale soit maintenue à tout moment grâce à une posture de préparation flexible et réactive.

Bien que le système DEFCON puisse sembler rudimentaire du fait de sa structure en cinq niveaux de préparation, il incarne en réalité une stratégie sophistiquée et hautement sécurisée développée durant l'époque tumultueuse de la Guerre froide. Cette complexité reflète l'engagement et la collaboration des divers commandements militaires et stratèges au sein du Département de la Défense des États-Unis, cherchant à créer une réponse cohérente et efficace face aux menaces potentielles. L'importance de ce système ne réside pas seulement dans sa capacité à indiquer un niveau de préparation militaire, mais aussi dans les mécanismes de communication et les actions coordonnées qu'il déclenche en fonction du niveau de menace perçue. Ainsi, le DEFCON reste un pilier crucial de la stratégie de défense américaine. Il illustre à quel point une planification rigoureuse et une collaboration interdisciplinaire peuvent créer un outil de sécurité nationale robuste et adaptable.

Évolution du système DEFCON

Depuis son développement, le système DEFCON avait pour but de standardiser les niveaux de préparation des forces militaires américaines en réponse à divers niveaux de menace, particulièrement les menaces nucléaires posées par l'Union soviétique à cette époque. De la sorte aussi, le système a été conçu pour fournir un moyen clair et concis de communiquer les niveaux de préparation à travers différentes branches de l'armée. Le but a été pour assurer une réponse rapide et coordonnée aux tensions croissantes ou aux crises. Les niveaux de DEFCON indiquent les actions et les mesures spécifiques que les unités militaires doivent entreprendre pour se préparer à un conflit potentiel ou à des menaces imminentes.

L'une des utilisations les plus notables du système DEFCON s'est produite pendant la crise des missiles de Cuba en 1962, lorsque le niveau d'alerte a été élevé à DEFCON 2. Mais le système a évolué. Au fil du temps, le système a été modifié et affiné pour s'adapter à l'évolution des situations de sécurité mondiale. Tout au long de son histoire, le système a été périodiquement mis à jour et affiné pour s'adapter aux conditions géopolitiques changeantes et aux progrès technologiques.

Le système DEFCON reste un outil important pour les planificateurs militaires et les décideurs pour évaluer et communiquer la posture de préparation des forces américaines. Bien qu'il soit toujours utilisé aujourd'hui, le niveau exact de DEFCON est une information classifiée. Il n'est pas divulgué publiquement. Ainsi, les détails exacts et les implications de chaque niveau DEFCON sont classifiés. De la sorte, son objectif global en tant qu'indicateur de préparation est largement reconnu. Ce système demeure un outil crucial pour la préparation militaire et la communication face à des menaces potentielles. Il démontre la capacité des militaires à répondre rapidement et efficacement à différents niveaux de crise ou de conflit.

En résumé, la pertinence du système DEFCON pour les forces armées américaines réside dans sa capacité à offrir une réponse structurée et coordonnée aux menaces changeantes. Bien que les détails spécifiques des niveaux DEFCON restent classifiés pour des raisons de sécurité nationale, l'idée générale de ce système en tant qu'instrument de préparation et de communication stratégique est largement acceptée et reconnue. Cette structure hiérarchisée permet non seulement de synchroniser les actions militaires, mais aussi d'assurer que les ressources nécessaires sont mobilisées de manière optimale en cas de crise. De plus, l'évolution continue du système pour refléter les dynamiques mondiales actuelles et les avancées technologiques souligne son adaptabilité. Le système DEFCON demeure un pilier essentiel de la stratégie de défense américaine, garantissant un état de préparation constant face à une variété de menaces potentielles.

L'objectif du système DEFCON

Il est important de noter que le système DEFCON a été conçu pour une superpuissance nucléaire. Celui-ci n'est pas directement transposable à la réalité haïtienne. Cependant, les principes de gradation et de réponse proportionnée qu'il incarne peuvent inspirer la structuration des niveaux d'alerte dans le contexte spécifique d'Haïti.

Dans le cas d'Haïti, un système adapté pourrait se concentrer davantage sur les menaces régionales. Celle-ci pourrait inclure les catastrophes naturelles, les crises internes et les enjeux de sécurité transfrontalière. Les niveaux d'alerte pourraient être ajustés pour refléter ces priorités, tout en maintenant le principe d'une réponse graduelle et proportionnée aux menaces.

Bien que le système DEFCON ne soit pas directement applicable à Haïti, il offre un cadre de réflexion intéressant pour conceptualiser et structurer les niveaux de préparation et de réponse des forces armées face à diverses menaces. L'adaptation de ces principes au contexte haïtien pourrait contribuer à renforcer la capacité du pays à répondre efficacement aux défis sécuritaires, tout en maintenant une approche mesurée et proportionnée.

En résumé, l'examen du système DEFCON révèle des enseignements précieux pour l'élaboration de stratégies de sécurité nationale, même dans des contextes très différents comme celui d'Haïti. En adaptant les principes de gradation et de préparation proportionnée aux réalités spécifiques d'Haïti, on pourrait concevoir un système d'alerte qui réponde efficacement aux menaces variées auxquelles le pays est confronté. Cela inclut non seulement les crises naturelles et les tensions internes, mais aussi les enjeux de sécurité régionale.

L'accent mis sur une réponse structurée et progressive permettrait d'améliorer la résilience du pays tout en optimisant l'utilisation des ressources disponibles. En fin de compte, l'adoption de telles mesures pourrait offrir à Haïti un cadre robuste et adaptable pour la gestion des risques. Ceci renforcerait non seulement la sécurité à travers le pays mais aurait tout aussi bien un impact considérable sur l'ordre et la paix, ce qui favoriserait une stabilité nationale durable.

LE SYSTEME DEFCON

- DEFCON 5 : Niveau normal de préparation en temps de paix. Ce niveau est utilisé lorsque les forces armées sont en temps de sérénité. À ce stade, il n'y a pas de menaces spécifiques imminentes.
- DEFCON 4 : Vigilance accrue, renforcement des mesures de sécurité. Ce niveau indique une augmentation de l'état de préparation, généralement en réponse à des tensions internationales ou à des menaces potentielles accrues.
- DEFCON 3 : Augmentation de la disponibilité des forces au-delà de la normale. À ce niveau, les forces armées sont prêtes à se mobiliser en réponse à une menace spécifique ou à une crise internationale. Cela signifie une vigilance désenveloppée et une disponibilité accrue des forces militaires.
- DEFCON 2 : Préparation à la guerre imminente. Ce niveau est rarement atteint. Il indique une menace grave et imminente pour la sécurité nationale des États-Unis. À ce stade, les forces armées sont prêtes à passer à l'action militaire à très court terme.
- DEFCON 1 : Guerre nucléaire imminente ou en cours. Ce niveau est le plus élevé. Il signifie qu'une guerre ou un conflit majeur est imminent(e) ou en cours. Au niveau de DEFCON 1, les forces armées sont en état d'alerte maximale. Elles sont prêtes à combattre.

11. Niveaux d'alerte ou etats de preparation

En France, il existe un système d'alerte connue sous l'appellation de niveaux d'alerte ou états de préparation. Ce système a évolué au fil des années pour répondre à diverses menaces, qu'elles soient naturelles, technologiques ou terroristes. Les pages qui suivent vous offrent une vue d'ensemble de l'histoire de ce mécanisme de sécurité français et de son développement.

Le concept de préparer la population et les services publics aux différentes crises remonte à plusieurs décennies. Après la Seconde Guerre mondiale, l'Europe entière a ressenti la nécessité de systèmes de protection civile pour faire face aux catastrophes et aux guerres potentielles. En France, la Protection Civile a été formalisée pour gérer ces risques.

Dans les années 1980 et 1990, le système a commencé à se structurer davantage. Il y a eu l'introduction de plans spécifiques pour faire face aux risques majeurs comme le plan Orsec (Organisation de la Réponse de Sécurité Civile). Le plan Orsec permettait une meilleure coordination entre les services de secours, les collectivités locales, et les différentes administrations de l'État.

L'attaque terroriste du 11 septembre 2001 aux États-Unis a profondément modifié la perception des risques en Europe et en France, en particulier en matière de lutte contre le terrorisme. En réponse, la France a renforcé ses dispositifs de sécurité et a mis en place un nouveau plan appelé Plan Vigipirate. Ce plan est devenu le pilier central de la prévention et de la réponse aux menaces terroristes en France.

Comprendre le plan Vigipirate

Le plan Vigipirate a été développé en 1978 à partir des sessions interministérielles. Il découle des responsabilités du Premier des ministres français. Le plan a été modifié à plusieurs reprises, dont en 1995, 2000, et 2004. Toutefois, le lancement officiel de ce plan, et ceci dans une sphère plus large, remonte à 2003.

Le plan Vigipirate comprend plusieurs niveaux d'alerte. Chaque niveau, dans son ensemble, correspond à un degré de menace spécifique. Le plan compte trois niveaux de menace. Ils incluent : Vigilance, sécurité renforcée et urgence.

Le niveau 1 (Vigilance), comme son appellation l'indique, est le moins élevé. Celui-ci est constitué des mesures de sécurité élémentaires. Il y a aussi le niveau 2 (Sécurité renforcée - Risque attentat). Celui-ci inclut une augmentation des mesures de sécurité en raison d'une menace plus élevée. Finalement, il y a le niveau 3 (Urgence attentat). Ce stade c'est la mise en place de mesures exceptionnelles après un attentat ou en présence d'une menace imminente.

Le plan Vigipirate comprend une autre approche de sécurité. Celle-ci inclut une stratégie visuelle. Il s'agit des niveaux d'alerte qui sont signalés par des codes couleur. Par exemple, il y a le blanc (pour la vigilance courante) ; il y a le jaune (pour une vigilance renforcée) ; il y a l'orange (pour un risque élevé) ; il y a aussi le rouge (pour une alerte maximale). Toutefois, il y a eu des adaptations récentes à ce niveau.

Le Plan Vigipirate est régulièrement actualisé. Le but c'est d'adapter le plan pour faire face à de nouvelles menaces. Par exemple, en réponse aux attaques terroristes en France en 2015, les mesures de sécurité ont été intensifiées. Des dispositifs supplémentaires ont été mis en place pour protéger les lieux publics, les événements de grande envergure et les transports.

En outre, il y a eu de nouvelles stratégies dans le domaine du plan Vigipirate. Avec le changement climatique et la montée des risques naturels (dont les inondations et les incendies), le gouvernement français a également mis en place des plans de prévention spécifiques pour ces types de catastrophes. Naturellement, ces plans sont intégrés dans les plans Orsec territoriaux et nationaux.

Le plan Vigipirate n'est pas forcément une approche militaire, bien que les dispositifs requièrent, assez souvent, une implication militaire. Ce système des niveaux d'alerte ou états de préparation en France est un ensemble complexe et adaptable de plans et de mesures destinés à protéger la population contre un large éventail de menaces. De la vigilance quotidienne aux mesures d'urgence en réponse à une menace imminente, ces dispositifs sont constamment réévalués et améliorés pour répondre efficacement aux nouveaux défis du 21ème siècle.

L'armée française et le DEFCON américain

L'armée française a un système d'alerte militaire similaire à celui connu sur le nom de DEFCON. Néanmoins, les forces armées françaises utilisent une nomenclature spécifique, qui n'est pas forcément différente à celle des Américains, pour leurs niveaux d'alerte ou états de préparation. Celle-ci est connue sous le nom de « États de préparation et de vigilance ». À l'instar du système DEFCON, les états de préparation du système français au niveau militaire sont structurés pour indiquer différents niveaux de préparation et de réponse en fonction du niveau de menace perçu ou des exigences opérationnelles.

Dans le domaine de la sécurité nationale et de la défense en France, il existe une hiérarchie d'états de préparation qui reflètent la gravité des situations auxquelles le pays peut être confronté. En temps de paix, par exemple, lorsque la situation est stable et qu'aucune menace imminente n'est perçue, on parle d'état de veille. C'est la condition normale où les activités quotidiennes se déroulent sans perturbation majeure. À ce point mort, les forces de sécurité, notamment au niveau militaire, maintiennent une vigilance de routine. Cependant, si des signes de tension émergent ou si des informations suggèrent une possible détérioration de la situation, les autorités peuvent décider de passer à un état de pré-alerte.

Cette phase implique une intensification de la surveillance, une augmentation de la collecte de renseignements et une préparation plus poussée des forces de sécurité, sans pour autant alarmer la population. Si la menace se précise ou si les circonstances l'exigent, l'escalade peut se poursuivre vers un état d'alerte. Dans cette configuration, les mesures de sécurité sont considérablement renforcées, les forces armées peuvent être mobilisées partiellement, et des restrictions peuvent être imposées sur certaines activités civiles pour garantir la sécurité publique.

Dans les cas les plus graves, lorsque la sécurité nationale est sérieusement compromise ou qu'une catastrophe majeure survient, l'état d'urgence peut être déclaré. Cette mesure exceptionnelle, généralement limitée dans le temps, confère des pouvoirs étendus aux autorités pour faire face à la crise. Elle peut impliquer la suspension temporaire de certains droits civils, le déploiement massif des forces armées sur le territoire national, et la mise en place de mesures draconiennes pour protéger la population et maintenir l'ordre public.

Il est important de noter que le passage d'un état à un autre n'est pas nécessairement linéaire. Généralement, les autorités adaptent leur réponse en fonction de l'évolution de la situation. Mais c'est toujours dans le but de préserver la sécurité nationale et le bien-être des citoyens. Les états d'alerte sont ajustés en fonction des évaluations des menaces sécuritaires, tant nationales qu'internationales. Ils sont gérés par le ministère des Armées françaises en coordination avec d'autres autorités pertinentes.

LA STRUCTURE GENERALE DU SYSTEME FRANÇAIS

Bien que les détails spécifiques puissent varier, la structure générale du système d'alerte français comprend quatre étapes.

7. **État de veille : C'est l'état normal en temps de paix où les opérations routinières sont menées.**
8. **État de pré-alerte : Un état de préparation accru indiquant une vigilance et une préparation renforcées.**
9. **État d'alerte : Un état de préparation plus élevé indiquant une menace spécifique ou des exigences opérationnelles accrues.**
10. **État d'urgence : C'est un état temporaire déclaré en réponse à des menaces sérieuses ou des urgences, accordant des pouvoirs supplémentaires aux autorités et impliquant éventuellement le déploiement des forces militaires à l'intérieur du pays.**

Différence : DEFCON et Vigipirate

Le système de vigilance Vigipirate et la version américaine communément appelée DEFCON sont tous deux des systèmes de prévention et de réponse aux menaces. Néanmoins, ces systèmes diffèrent considérablement par leur nature, leur structure et leur contexte d'application. Par exemple, le plan Vigipirate s'agit d'un dispositif français de prévention et de protection contre le terrorisme. Il est principalement axé sur la sécurité intérieure et la protection civile. Son objectif est de renforcer la vigilance et la mobilisation de tous les acteurs concernés face à la menace terroriste.

Le DEFCON (Defense Readiness Condition), en revanche, s'agit d'un système américain qui est propre aux forces armées américaines. Celui-ci régule l'état de préparation et la réponse des militaires à des situations d'urgence, notamment des menaces militaires. C'est un mécanisme de défense nationale, spécifiquement orienté vers des réponses militaires.

Le plan Vigipirate comporte trois niveaux principaux, dont Vigilance, Sécurité renforcée – Risque d'attentat et Urgence attentat. Chacun de ces niveaux dicte des mesures spécifiques de sécurité et de prévention à appliquer sur l'ensemble du territoire. Cette approche implique tant les forces de sécurité que les citoyens.

Le DEFCON, comme illustré antérieurement, inclut cinq niveaux, allant de DEFCON 5 (la situation la plus calme) à DEFCON 1 (la plus haute préparation militaire. Ce niveau indique qu'une guerre est imminente ou est en cours. Ces niveaux déterminent le niveau d'alerte et de préparation des forces armées américaines.

Au niveau d'application, le plan Vigipirate est d'application civile et militaire. Cela implique le gouvernement, les collectivités territoriales, les entreprises et les citoyens. Le plan prévoit des mesures comme le renforcement de la surveillance dans les lieux publics, l'augmentation des contrôles de sécurité et la mise en place de dispositifs de protection spécifiques.

Le DEFCON, pour le redire, est strictement militaire. Ses mesures s'appliquent aux différentes branches des forces armées. Elles incluent des préparations telles que la mobilisation des troupes, le positionnement des forces nucléaires stratégiques, et l'augmentation globale de l'état d'alerte militaire.

Le plan Vigipirate est constamment en application, même en période de faible menace, avec des ajustements en fonction de l'évaluation de la menace. La stratégie est d'anticiper et de prévenir les crises potentielles. Le DEFCON, toutefois, est une réponse temporaire à une situation de sécurité donnée. Par exemple, les niveaux plus élevés (très proche du conflit imminent) sont rarement atteints. Les changements dans les niveaux DEFCON sont moins fréquents et plus spécifiques à des contextes de crise militaire internationale.

Alors que le plan Vigipirate est un dispositif français de sécurité intérieure contre le terrorisme impliquant une large gamme d'acteurs civils et militaires, le DEFCON est un mécanisme américain militaire focalisé sur le niveau de préparation des forces armées face à des menaces militaires sérieuses. Mais ces différents états de préparation et de réaction démontrent la gradation des mesures prises par les autorités en fonction du niveau de menace ou d'urgence rencontré. En France, l'État de veille représente une situation normale, tandis que l'État de pré-alerte et l'État d'alerte signalent une vigilance et une « readiness » progressive face à des menaces potentielles. L'État d'urgence marque une réponse exceptionnelle, souvent accompagnée de mesures drastiques et du déploiement des forces militaires pour protéger la population et maintenir l'ordre. Cette classification permet ainsi de s'assurer que des réponses appropriées et proportionnées sont mises en œuvre afin de garantir la sécurité nationale et la stabilité publique.

Dans le cas d'Haïti, la condition « 2 » ou la condition « D » constitue une approche similaire à celle appliquée en France et en Amérique. Naturellement, Haïti n'a pas eu une armée fonctionnelle depuis 1994. Nonobstant, la Police Nationale d'Haïti (la PNH) joue un rôle prépondérant dans la sécurité et la défense nationale du pays.

Il faut aussi noter qu'Haïti a remobilisée son armée en 2017. En 2024, le pays a ce que beaucoup d'observateurs appellent une « armée embryonnaire », avec un effectif assez réduit comme ça. Dans ce contexte, la condition « 2 » ou la condition « D » pourrait être attribuée à l'état d'alerte numéro 2 (ou État de pré-alerte). De la même façon aussi, le ministère de la Défense haïtien aurait la tâche naturelle de gérer ces états d'alertes avec les autorités pertinentes, dont les responsables techniques des forces armées d'Haïti, de la police nationale et d'autres entités gouvernementales, dont ceux appartenant aux aires protégées, notamment la Brigade de Sécurité des Aires Protégées (BSAP).[43]

---

[43] La Brigade de Sécurité des Aires Protégées (BSAP, ainsi connue) est une direction à caractères opérationnels de l'Agence Nationale des Aires Protégées (ANAP), une entité gouvernementale, une direction générale, placée sous la tutelle du ministère de l'environnement. Voir plus au site web suivant : www.anap.gouv.ht

12. Condition « D » et l'Armee d'Haïti

Qu'est-ce que dit la loi en ce qui concerne l'adoption de conditions d'alertes ou de préparations par l'armée d'Haïti ? La condition « D » est une nomenclature militaire. Comme illustré dans les sections antérieures, l'origine de cette approche a de diverses sources. Mais l'idée commune c'est qu'elle constitue une forme de préparation militaire pour répondre à une menace imminente. Dans le contexte de l'insécurité assidue qui caractérise le milieu social haïtien et considérant l'installation d'un nouveau gouvernement, dont la mission principale est de rétablir l'ordre et la paix, l'implication des forces armées dans les affaires de sécurité et de Défense nationale est une stratégie éminemment sensée. Mais l'entité gouvernementale la mieux placée pour cette tâche est le ministère de tutelle des FAd'H.

Autorité appropriée

En ce qui concerne les décisions opérationnelles telles que la mise en condition « D » des Forces armées d'Haïti, le ministre de la Défense serait l'autorité appropriée pour émettre de tels ordres. Ceci est justifié par :

1. Le ministre est responsable de la mise en œuvre des politiques de défense établies par le Président et le Premier ministre.

2. Le principe de responsabilité ministérielle (Articles 163 et 169) place l'exécution des lois et politiques liées à la défense directement dans le domaine du ministre.
3. L'Article 169.1 stipule explicitement que « En aucun cas, l'ordre écrit ou verbal du président de la République ou du Premier ministre ne peut soustraire les Ministres à la responsabilité attachée à leurs fonctions ». Cela renforce l'autorité et la responsabilité du ministre dans son domaine spécifique.

Il est clair que le ministre de la Défense joue un rôle crucial et central dans la gestion des décisions opérationnelles militaires en Haïti, comme l'illustre la mise en condition « D » des forces armées. Cette responsabilité est non seulement ancrée dans les principes de responsabilité ministérielle, mais elle est aussi explicitement stipulée par la législation haïtienne, notamment l'Article 169.1, qui insiste sur l'impossibilité pour le Président ou le Premier ministre de dégager les ministres de leurs obligations. Par conséquent, cette structuration juridique garantit non seulement la clarté dans la chaîne de commandement, mais aussi la bonne application des politiques de défense, assurant ainsi une meilleure coordination et efficacité des forces armées du pays.

De manière typique, un ordre tel que la mise en condition « D » des forces armées d'Haïti émanerait du ministre de la Défense, agissant au nom du gouvernement. Cet ordre serait ensuite communiqué au Commandant en chef des Forces armées d'Haïti pour mise en œuvre à travers la chaîne de commandement militaire. Néanmoins, il est important de noter que bien que le Commandant en chef ait le commandement effectif des forces armées au sens militaire, il reste soumis au contrôle civil. Ainsi, le rôle du ministre de la Défense dans l'émission de tels ordres garantit que les actions militaires s'alignent sur la politique gouvernementale et maintiennent une supervision civile.

Dans le contexte haïtien, l'application de ce système d'Échelons d'alerte revêt une importance particulière. Compte tenu des défis sécuritaires auxquels le pays est confronté, allant des catastrophes naturelles aux troubles civils, en passant par les menaces transfrontalières, la capacité à ajuster rapidement et efficacement le niveau de préparation des forces armées est cruciale. La condition 2 offre ainsi un outil précieux pour répondre de manière proportionnée à des situations de tension croissante, sans pour autant déclencher une mobilisation totale qui pourrait être perçue comme une escalade injustifiée.

Le système d'Échelons d'alerte, et en particulier la condition 2, illustre l'approche nuancée et graduelle adoptée par les forces armées modernes pour gérer les menaces à la sécurité nationale. Cette approche permet une réponse flexible et adaptée aux défis sécuritaires, tout en maintenant un équilibre délicat entre préparation militaire et stabilité sociale. Dans le cas d'Haïti, ce système offre un cadre opérationnel essentiel pour naviguer dans un environnement sécuritaire complexe et en constante évolution.

L'application de la condition « D »

Le cadre constitutionnel d'Haïti établit une chaîne de commandement claire pour les forces armées du pays, dont l'armée et la police. Ce cadre légal équilibre le contrôle civil avec l'expertise militaire. Le ministre de la Défense, par exemple, joue un rôle prépondérant dans cette structure. Il sert d'autorité civile principale pour la supervision quotidienne de l'armée et l'émission d'ordres opérationnels tels que la condition « D ». Ce rôle découle des principes constitutionnels de responsabilité ministérielle et de la structure du contrôle civil sur l'armée, et ceci tout en garantissant que les actions de défense sont toujours alignées sur la politique gouvernementale déterminée démocratiquement.

La mise en œuvre de l'ordre de condition « D » des forces armées d'Haïti souligne l'importance cruciale d'une supervision civile robuste et du cadre constitutionnel qui régit les actions militaires. Cette structure permet non seulement d'assurer un alignement étroit entre les opérations militaires et les politiques gouvernementales élues démocratiquement, mais aussi de maintenir un équilibre nécessaire entre expertise militaire et contrôle civil. En agissant par l'entremise du ministre de la Défense, le gouvernement haïtien garantit que les décisions cruciales concernant la sécurité nationale sont prises dans le respect des principes de transparence et de responsabilité. Cette dynamique illustre la maturité du système démocratique haïtien, où chaque entité fonctionne en synergie pour le maintien de la stabilité et de la sécurité nationales.

Le ministre de la Défense et la Condition 2 ou « D »

Dans le cadre de l'organisation de la défense nationale, la structure hiérarchique et le processus décisionnel jouent un rôle crucial pour assurer la sécurité du pays. Au sommet de cette pyramide se trouve le président de la République, investi du rôle de commandant en chef des forces armées. C'est sous son autorité suprême que le ministre de la Défense exerce ses fonctions, incarnant ainsi le principe fondamental du contrôle civil sur l'institution militaire, pierre angulaire des démocraties modernes.

Lorsqu'il s'agit de modifier les niveaux d'alerte des forces armées, le processus est loin d'être unilatéral. Bien que le ministre de la Défense ait l'autorité pour donner l'instruction, la décision est généralement le fruit d'une consultation approfondie impliquant les plus hauts gradés militaires et, fréquemment, le Président lui-même. Cette approche collégiale permet de prendre en compte tous les aspects stratégiques, tactiques et politiques de la situation.

Une fois l'instruction émise, la responsabilité de sa mise en œuvre incombe aux dirigeants militaires. Ils doivent traduire cette directive en actions concrètes, adaptant les mesures nécessaires à chaque branche et l'unité concernée. Cette flexibilité opérationnelle est cruciale, car le ministre peut choisir d'appliquer l'instruction de manière globale à l'ensemble des forces armées ou de façon ciblée à certaines branches ou régions spécifiques, en fonction des exigences de la situation.

Les raisons motivant une telle décision peuvent être multiples et variées. Elles peuvent aller de la réponse à des menaces nationales accrues, comme une recrudescence de la violence des gangs, à des tensions internationales, telles qu'une crise frontalière avec un pays voisin. Des menaces spécifiques à la sécurité nationale ou des événements majeurs comme des élections nationales ou des périodes de troubles civils peuvent également justifier une modification du niveau d'alerte.

Il est important de souligner que, bien que l'existence d'un certain niveau d'alerte puisse être de notoriété publique, les détails spécifiques et les motifs précis de ces décisions doivent demeurer confidentiels pour des raisons évidentes de sécurité nationale. Cette discrétion est essentielle pour préserver l'efficacité des mesures mises en place. C'est aussi impérial pour éviter de compromettre les opérations en cours ou prévues.

Ce processus décisionnel complexe illustre l'équilibre délicat entre le contrôle civil, l'expertise militaire et les impératifs de sécurité nationale. Il souligne également l'importance de la flexibilité et de la réactivité face à un environnement géopolitique en constante évolution. Le but le plus important c'est de maintenir les principes démocratiques de transparence et de responsabilité.

État de pré-alerte : En général, un ministre de la Défense peut ordonner à l'armée de passer à la condition « 2 » ou condition « D ». Le ministre de la Défense (officiellement appelé ministre des forces armées) a le pouvoir d'ordonner aux militaires de prendre toutes les mesures pour passer à la condition 2 ou à tout autre niveau d'alerte. Il s'agit d'un processus simple, qui implique les éléments suivants, ce que nous avons décrit brièvement.

Le rôle crucial du ministre de la Défense dans la chaîne de commandement, bien qu'il opère sous l'autorité du président de la République, illustre parfaitement l'importance du contrôle civil sur les forces armées dans un régime démocratique. Cette interaction hiérarchique et consultative assure que les décisions concernant la sécurité nationale sont prises avec un consensus éclairé. La responsabilité du ministre s'étend à l'application ciblée [ou générale] des mesures, selon les circonstances spécifiques, ce qui permet une réponse flexible et efficace aux menaces variées.

La confidentialité entourant ces décisions est primordiale afin de garantir que les stratégies de défense demeurent protégées, assurant ainsi une sécurité renforcée. En effet, la justification de telles actions, qu'elles soient motivées par des tensions internationales ou des menaces intérieures, reflète la complexité et la sensibilité des enjeux de sécurité nationale auxquels les autorités doivent faire face. À cet effet aussi, le rôle du ministre de la Défense est impératif dans le bon fonctionnement des forces armées en Haïti.

CONDITION D

ÉTAT DE PRE-ALERTE

1) Chaîne de commandement
   i) Le ministre de la Défense agit sous l'autorité du président de la République, qui est le commandant en chef des forces armées.
2) Prise de décision
   i) Bien que le ministre puisse donner l'instruction, la décision de modifier les niveaux d'alerte implique généralement une consultation avec les dirigeants militaires et souvent le président.
3) Mise en œuvre
   i) Une fois l'instruction donnée
      (1) Il incombe aux dirigeants militaires de mettre en œuvre les mesures nécessaires associées à la condition 2 dans les branches et unités concernées.
4) Portée
   i) Le ministre peut appliquer cette instruction de façon générale
      (1) A toutes les forces armées (ou)
      (2) A certaines branches ou régions
         (a) Selon la situation.
5) Contrôle civil
   i) Cette autorité reflète le principe du contrôle civil sur l'armée
      (1) C'est un contrôle nécessaire dans un système de gouvernance démocratique.
6) Raisons
   i) Une telle instruction peut être donnée en réponse à des menaces nationales accrues
      (1) La violence des gangs
      (2) Des tensions internationales
         (a) Crise à la frontière entre Haïti et la République Dominicaine
      (3) Des menaces spécifiques à la sécurité nationale
         (a) Par mesure de précaution lors d'événements majeurs
            (i) Une élection nationale

(ii) Des troubles civils.

7) Confidentialité
   i) Les forces militaires peuvent être à un certain niveau d'alerte puisse être connu
      (1) Les détails et les raisons spécifiques doivent rester confidentiels pour des raisons de sécurité.

13. La dissolution de l'armee d'Haïti

La dissolution de l'armée en 1994 a été un événement important, étant donné qu'il peut être difficile de dissoudre une force militaire. Des forces similaires, qu'elles soient militaires ou de sécurité, sont presque impossibles à dissoudre une fois qu'elles ont été mises en place et enracinées.[44] Nonobstant, la dissolution des FAd'H avait contribuée a remodelé le paysage sécuritaire d'Haïti.

La décision de dissoudre l'armée est le résultat d'une série de facteurs politiques et internationaux complexes qui ont abouti à la destitution du régime militaire qui était au pouvoir. L'une des principales raisons de la dissolution a été le coup d'État de 1991 qui a évincé le président démocratiquement élu Jean-Bertrand Aristide, entraînant une période de troubles politiques et de violations des droits de l'homme.[45] Au cours de cette période également, de nombreux civils ont été pris dans les filets des réalités politiques, ce qui a entraîné un certain nombre de victimes dans la population civile.

L'ampleur des abus qui ont eu lieu en Haïti pendant cette période n'est pas bien connue. Ceux qui osent parler de ce mal reçoivent souvent des punitions sévères. Même un officier du contre-espionnage

---

[44] Sabine C Carey, « La relation dynamique entre la protestation et la répression », *Recherche politique trimestrielle* 59, n° 1 (2006) : 1-11.

[45] Jean Maria Arrigo et Richard V Wagner, « Introduction : un dialogue entre la psychologie de la paix et l'éthique militaire », *Paix et conflit* 11, n° 1 (2005) : 1-7.

américain a été traduit en cour martiale pour avoir effectué une visite non autorisée dans l'une des prisons notoires d'Haïti.[46]

Certes, il n'est pas toujours facile de déterminer qui mérite le blâme lorsque des civils sont pris en flagrant délit de guerre ou sont punis par des acteurs armés.[47] Cependant, le régime militaire qui a pris le pouvoir en Haïti après le coup d'État de 1991 a fait l'objet d'une condamnation généralisée et de sanctions de la part de la communauté internationale, y compris des États-Unis et des Nations unies.[48] Ces sanctions, associées à une résistance et à des pressions internes, ont finalement conduit au démantèlement de l'appareil militaire en Haïti.

L'intervention américaine de 1994

L'intervention américaine de 1994 en Haïti, autorisée par les Nations Unies, a joué un rôle crucial dans la décision de dissoudre l'armée nationale.[49] La force multinationale, composée de troupes de 25 pays, dont les États-Unis, est entrée en Haïti pour restaurer le gouvernement

---

[46] Stephen Wrage, « Le capitaine Lawrence Rockwood en Haïti », *Journal d'éthique militaire* 1, n° 1 (janvier 2002) : 45-52, https://doi.org/10.1080/150275702753457415.

[47] Luke N Condra et Jacob N Shapiro, "Qui prend le blâme ? Les effets stratégiques des dommages collatéraux », *Revue américaine de science politique* 56, n° 1 (2012) : 167-87, https://doi.org/10.1111/j.1540-5907.2011.00542.x.

[48] Sean D. Murphy, « Légitimité démocratique et reconnaissance des États et des gouvernements », *Trimestriel de droit international et comparé* 48, n° 3 (1999) : 545-81, https://www.cambridge.org/core/journals/international-and-comparative-law-quarterly/article/democratic-legitimacy-and-the-recognition-of-states-and-governments/089529652567C6CC975890E16D19A0C0.

[49] Ngozi Caleb Kamalu, « Occupation américaine d'Haïti, 1915 – 1934 : la fin d'un chapitre de l'histoire américaine de l'impérialisme et du rôle intérimaire dans l'hémisphère occidental », *Annales de l'histoire mondiale* 4, n° 1 (18 octobre 2023) : 1-8, https://doi.org/10.22259/2642-8172.0401001.

démocratiquement élu de Jean-Bertrand Aristide.[50] Cette intervention a marqué un tournant dans la trajectoire politique d'Haïti et a ouvert la voie à la dissolution du régime militaire qui avait été responsable de violations des droits de l'homme et d'instabilité politique.

Le démantèlement de l'armée d'Haïti en 1994 a eu des répercussions considérables sur le secteur de la sécurité et la structure de gouvernance du pays. L'armée n'étant plus une force dominante, la Police nationale est devenue la principale institution de sécurité du pays.[51] Ce changement dans le paysage de la sécurité visait à établir un appareil de sécurité plus civile et à réduire l'influence de l'armée dans les affaires politiques.[52] Cette décision s'inscrivait dans le cadre d'efforts plus larges visant à renforcer la gouvernance démocratique et le respect des droits de l'homme en Haïti après des années de régime autoritaire et d'intervention militaire.

Les effets de la dissolution de l'armée

La décision de dissoudre l'armée reflète une tendance plus large dans les situations d'après-conflit où les forces militaires sont restructurées ou démantelées pour ouvrir la voie à des réformes démocratiques et à un contrôle civil de la sécurité.[53] Dans le cas d'Haïti, le démantèlement

---

50 Ibid..

51 Timothy Donais, « Le parent pauvre du maintien de la paix : le Canada et le défi des services de police post-conflit », *Revue internationale : Revue canadienne d'analyse des politiques mondiales* 59, n° 4 (décembre 2004) : 943-63, https://doi.org/10.1177/002070200405900418.

52 Ibid..

53 Youngsoo Yu, « Les institutions démocratiques réduisent-elles les violations des droits de l'homme ou préviennent-elles simplement plus de violations que les niveaux actuels ? Une explication exogène des améliorations des droits de l'homme

de l'armée a été une étape cruciale vers la reconstruction des institutions de l'État et la promotion de la stabilité à la suite des troubles politiques et des violations des droits de l'homme.[54] En retirant l'armée de l'équation politique, Haïti a cherché à créer un secteur de la sécurité plus inclusif et responsable qui donne la priorité à la protection des droits de l'homme et de l'État de droit.

Dans l'ensemble, le démantèlement de l'armée en 1994 a été un moment charnière dans l'histoire du pays. Celle-ci a marqué une transition vers une gouvernance civile et des réformes démocratiques. La décision de démanteler l'armée a été influencée par une combinaison de résistance interne, de pression internationale et de la nécessité de rétablir la gouvernance démocratique en Haïti. De la sorte aussi, en ôtant l'armée de l'équation politique, Haïti a fait un pas important vers la promotion de la stabilité, des droits de l'homme et des principes démocratiques dans le pays.

Il y a une controverse en ce qui concerne l'effet de la dissolution de l'armée d'Haïti sur la société en général. Certains observateurs sont convaincus que l'absence de l'armée a conduit à l'insécurité grandissante qui a caractérisé le milieu social haïtien depuis des années maintenant. Toutefois, l'histoire nous montre un panorama beaucoup plus complexe et beaucoup plus sombre du rôle de l'armée dans l'absence ou même la recrudescence de l'insécurité en Haïti.

L'armée a toujours été un élément canalisateur dans l'instabilité qui caractérise le milieu social haïtien. L'institution militaire est partie prenante des actes de banditisme qui ont fait de remous dans le pays, plus particulièrement vers la fin des années 1980s. Les tentatives de coups d'État et les coups d'État orchestrés par l'armée d'Haïti ont contribué à la dégénérescence du climat sécuritaire en Haïti. Pour ainsi

---

dans les démocraties » *La Revue coréenne d'études internationales* 14, n° 3 (2016) : 415-46, https://www.dbpia.co.kr/Journal/articleDetail?nodeId=NODE07080465.

[54] Ibid..

dire, la dissolution de l'armée a certainement joué un rôle dans le banditisme en Haïti. Toutefois, le désordre organisé qui était devenu la norme dans l'armée avait aussi contribué à la décadence de l'institution elle-même ainsi que la société haïtienne.

La dissolution de l'armée en Haïti a été une décision complexe, mais tout aussi bien aux implications profondes. Si d'une part, cette mesure a permis une avancée vers une gouvernance civile et des réformes démocratiques, elle a également soulevé des questions sur la sécurité et l'ordre public. Le rôle de l'armée dans l'histoire du pays a été ambivalent, agissant tantôt comme un facteur de stabilité, tantôt comme un catalyseur de l'instabilité.

En retirant cette institution de l'équation, Haïti a choisi un chemin audacieux vers la démocratie, mais cela ne s'est pas fait sans défis. Le contexte post-dissolution montre que les défis sécuritaires ne peuvent pas être uniquement attribués à l'absence de l'armée, mais doivent être compris dans une perspective plus large incluant les héritages de violence et de corruption. Ainsi, la dissolution de l'armée représente à la fois une opportunité et un avertissement sur la nécessité de bâtir des institutions robustes et responsables pour une stabilité durable.

14. CONTROLE CIVIL SUR L'ARMEE

Le contrôle civil sur l'armée est un principe fondamental dans les sociétés démocratiques. Il en est ainsi pour plusieurs raisons cruciales. Les normes de contrôle civil, qui sont ancrées dans le modèle de contrôle civil objectif de Samuel Huntington, préconisent que l'armée opère séparément de l'élaboration des politiques civiles et des décisions concernant l'usage de la force.[55] Cette séparation garantit que l'armée reste subordonnée aux autorités civiles. Cela empêche l'armée d'exercer une influence indue sur les questions politiques, tout en se protégeant contre le risque de coups d'État militaires ou d'interventions dans la gouvernance civile.

Le contrôle civil sur l'armée est essentiel pour maintenir la gouvernance démocratique et faire respecter l'État de droit. La mise en place d'un contrôle civil sur les forces armées est considérée comme une condition nécessaire à la consolidation d'une démocratie naissante.[56] En soumettant l'armée à l'autorité civile, les démocraties peuvent prévenir les tendances autoritaires, ce qui garantira que les actions militaires s'alignent sur les valeurs et les intérêts de la société.

En temps de conflit, les effets stratégiques des dommages collatéraux et de la victimisation des civils soulignent l'importance du

---

[55] Risa Brooks, « Paradoxes du professionnalisme : repenser les relations civilo-militaires aux États-Unis », *Sécurité internationale* 44, n° 4 (2020) : 7-44, https://doi.org/10.1162/isec_a_00374.

[56] Carl J Saxer, « Généraux et présidents : établir un contrôle civil et démocratique en Corée du Sud », *Forces armées et société* 30, n° 3 (2004) : 383-408, https://doi.org/10.1177/0095327x0403000304.

contrôle civil des opérations militaires.[57] Encourager la coopération des civils et minimiser les dommages causés aux non-combattants sont des objectifs clés, qui peuvent être atteints grâce à un contrôle civil efficace des actions militaires. En tenant l'armée responsable de sa conduite, en particulier dans les situations de conflit, le contrôle civil contribue à atténuer l'impact négatif de la guerre sur les populations civiles et les abus.

Promouvoir la transparence

Le contrôle civil de l'armée est crucial pour promouvoir la transparence, la responsabilité et la confiance du public dans les forces armées. En veillant à ce que les décisions militaires soient soumises à un contrôle et à une approbation civile, les démocraties peuvent faire respecter les principes de bonne gouvernance. Cela peut aider à prévenir les abus de pouvoir au sein de « l'establishment » militaire haïtien. Cette surveillance renforce la confiance du public dans le respect des normes juridiques et éthiques par l'armée. Celle-ci renforce la légitimité de l'armée aux yeux de la population civile.

Le contrôle civil sur l'armée est vital. Il s'agit d'une étape cruciale pour préserver les valeurs démocratiques dûment acquises en Haïti ces dernières années. C'est également primordial pour empêcher l'ingérence militaire dans les affaires civiles. Une telle approche du militarisme favorise la responsabilité et la transparence, tout en préservant le bien-être des populations civiles, notamment en temps de conflit.

Il est évident que le contrôle civil sur l'armée joue un rôle primordial dans la sauvegarde des valeurs et des institutions démocratiques. Sans

---

[57] Luke N. Condra et Jacob N. Shapiro, « Qui prend le blâme ? Les effets stratégiques des dommages collatéraux », *Revue américaine de science politique* 56, n° 1 (2012) : 167-87.

cette supervision rigoureuse, il serait difficile d'assurer une séparation claire entre les pouvoirs militaires et civils, ce qui pourrait mener à des abus de pouvoir ou à des ingérences inappropriées dans les affaires politiques. En promouvant la transparence et la responsabilité, le contrôle civil renforce la confiance du public dans les institutions militaires et veille à ce que les actions de l'armée soient en adéquation avec les valeurs sociétales. Particulièrement en Haïti, où la démocratie est encore en phase de consolidation, une vigilance constante est nécessaire pour prévenir toute tentative de domination militaire sur les processus civils et pour garantir que les forces armées respectent pleinement l'État de droit. Ainsi, le contrôle civil sur l'armée n'est pas seulement un mécanisme de surveillance, mais c'est aussi un pilier indispensable pour la stabilité et le développement démocratique.

Une armée forte et moderne

Comme nous venons d'élucider dans les pages antérieures, le ministère de la Défense, en conséquence, le ministre de la Défense aussi, ont les prérogatives nécessaires pour intimer des ordres directs ou indirects aux responsables des forces armées haïtiennes. Ces attributions sont non seulement administratives, mais elles sont aussi opérationnelles. En tant qu'une institution de tutelle des FAd'H, le ministère de la Défense, incluant ses cadres, particulièrement dans des démarches administratives, ont les prérogatives de communiquer des instructions au Commandant en Chef des FAd'H, et ceci qu'il soit par intérim ou il remplit un mandat spécifique. En aucun cas, ces attributions ne diminuent le statut ou le rang dudit responsable.

La note de l'association militaire d'Haïti est très problématique. Elle renforce l'idée que les FAd'H sont exogènes à l'autorité des civils. Cette approche du militarisme en Haïti est vieille de plusieurs décennies. Pourtant, celle-ci, dans un passé pas trop lointain, a fait du tort non seulement à la nation haïtienne, mais tout aussi bien à l'institution militaire elle-même. Cette vision des choses dans les rapports militaro-civiles a donné lieu à des conduites répréhensibles, déplorables et même antidémocratiques. Celle-ci a pareillement conduit à la déchéance de l'armée dans son ensemble en 1994.

Fraîchement remobilisées en 2017, les forces armées d'Haïti doivent gagner leur doit d'existence avec humilité et de la patience. En dépit des problèmes de sécurité qui prévaut en Haïti, les Haïtiens n'ont point besoin d'une armée autocratique avec des tendances dictatoriales. La sagesse militaire s'impose, surtout dans un contexte historique, démocratique et antimilitarisme à l'égard de l'armée d'Haïti.

Il y a une génération de jeunes hommes et femmes qui voudraient redorer les blasons des FAd'H. Pour le redire, Haïti a besoin d'une armée prépondérante sur les champs de bataille, notamment sur la frontière dominicaine, mais pas dans les rues d'Haïti et surtout pas dans les esprits du peuple haïtien. Par conséquent, les FAd'H, en tant qu'une entité militaire, doivent gagner son respect dans le milieu haïtien. Mais c'est un objectif qui ne pourrait être atteint graduellement.

Pour garantir un avenir prospère et stable pour Haïti, la réintégration des FAd'H dans la société doit être gérée avec une grande prudence et un profond respect des normes démocratiques. L'armée doit se réinventer en tant qu'institution moderne, solidement ancrée dans le respect des droits civils et sous l'autorité des institutions civiles. Cette transition exige des efforts concertés pour éduquer et sensibiliser non seulement les militaires, mais aussi la population haïtienne sur le rôle crucial que peuvent jouer des forces armées responsables et respectueuses des droits humains.

En cultivant une éthique basée sur la discipline, l'honneur et le service à la nation, les nouvelles générations de militaires peuvent contribuer à reconstruire la confiance et le respect entre l'armée et les citoyens. Il est impératif que les dirigeants militaires et civils collaborent étroitement pour établir des règles claires et équitables qui définiront les opérations des FAd'H, garantissant ainsi que cette institution revitalisée œuvre en faveur de la paix, de la sécurité et de la prospérité pour tout le peuple haïtien.

15. Haïti : Une tradition militaire

Haïti a une longue tradition militaire. Des facettes importantes de cette tradition remontent à divers événements historiques, qui ne se sont pas produits il y a plusieurs siècles. Cependant, bien que cette tradition soit de nature véridique, certains de ses événements les plus marquants se sont produits longtemps après l'indépendance du pays en 1804.

Les facettes de la tradition militaire en Haïti sont souvent palpables et explicites dans la réalité du pays lui-même. Certainement, ces aspects du militarisme ne sont pas endogènes à la terre elle-même. Pour ainsi dire, le militarismes Haïti émane des aspects historiques des africanismes présents dans la région des Caraïbes. Ces réalités ont informé, pour ne pas dire, elles ont inspiré, la résistance militaire contre les colonisateurs européens, mettant en évidence une base historique pour les traditions militaires dans la région.[58]

Les interventions militaires en Haïti

Les États-Unis sont intervenus militairement en Haïti de 1915 à 1934, avec d'autres pays circum-caribéens comme le Nicaragua et la

---

[58] Marcia Elizabeth Sutherland, « Africanismes dans la région des Caraïbes : résistance des descendants d'Africains à l'esclavage et à l'assujettissement après l'émancipation », *Journal des études noires* 54, n° 5 (juillet 2023) : 355-73, https://doi.org/10.1177/00219347231170859.

République dominicaine.[59] Cette intervention impliquait le déploiement de Marines américains pour gouverner directement Haïti, ce qui a mis en évidence une implication militaire américaine significative dans les affaires d'Haïti. Cependant, même après plusieurs décennies, l'influence américaine est toujours d'actualité dans la tradition militaire d'Haïti.

Un autre événement est la junte militaire en Haïti dans les années 1970 et 1990. Sous le régime de Jean-Claude Duvalier, l'armée et d'autres milices ont réprimé les journalistes et les écrivains.[60] Cette entité militaire a joué un rôle dans la restriction de la circulation de l'information par les médias de masse, ce qui a conduit le public à compter sur la diffusion de l'information par le bouche-à-oreille.[61]

La tradition militaire d'Haïti est profondément enracinée dans des événements historiques, notamment les interventions étrangères, la dynamique de gouvernance interne et les réponses aux influences extérieures. L'histoire militaire du pays reflète une interaction complexe de facteurs, allant de l'héritage colonial aux défis contemporains. Ces réalités historiques on façonnes ses traditions militaires au fil du temps.

Préserver la tradition militaire d'Haïti

Il est important de préserver la tradition militaire d'Haïti. La fondation de la nouvelle force armée haïtienne ne peut pas être basée sur un

---

59 Max Paul Friedman, « La politique de bon voisinage », dans *Encyclopédie de recherche d'Oxford sur l'histoire de l'Amérique latine*, 2018, https://doi.org/10.1093/acrefore/9780199366439.013.222.

60 Jiangnan Zhu, Jie Lu et Tianjian Shi, « Quand Grapevine News rencontre les médias de masse : différentes sources d'information et perceptions populaires de la corruption du gouvernement en Chine continentale », *Études politiques comparées* 46, n° 8 (août 2013) : 920-46, https://doi.org/10.1177/0010414012463886.

61 Ibid..

paradigme erroné du rôle et de la fonction des militaires dans l'appareil étatique de la nation. À l'instar de la force de police nationale, les forces armées d'Haïti sont là pour servir et protéger la nation haïtienne. Certainement, ses prérogatives, en ce sens, sont mieux orientées que celles de l'institution policière, considérant que la Constitution de 1987, dans son article 266, stipule les attributions des forces armées d'Haïti d'une façon indubitable et incontestable. Ce sont des attributions que je n'en disconviens pas. Pourtant, je pense qu'il est de mise de pointer du doigt que la démarche de l'association militaire d'Haïti est suicidaire pour l'institution militaire.

En disant cela, je reconnais aussi que le temps a beaucoup évolué. Il ne serait pas malvenu d'avoir une organisation qui veuille à la bonne marche des institutions étatiques, dont les FAd'H. Cependant, les démarcations rendus public par les responsables de cette entité gardienne des principes militaires et des agissements régaliens des forces armées doivent être calibrées et balancées pour ne pas affaiblir l'institution qu'ils cherchent à renforcer. Mais c'est une ligne étroite. Les mêmes démarches visant à renforcer les FAd'H pourraient rendre précoces la Défense et la sécurité nationale.

Certes, Haïti a une tradition militaire de longue date. Le rôle de chef de l'État a été joué à plusieurs reprises par des militaires ou d'anciens militaires. Il serait malvenu d'insinuer que les militaires haïtiens ne devraient pas avoir un statut prestigieux dans les affaires de l'État. Toutefois, dans un contexte démocratique, le pouvoir d'un militaire est limité dans les casernes ou dans le quartier général du militaire en question. Cela dit, le militaire ne fait pas partie d'une entité autonome ou d'un club privé où il régularise ses propres conduites.

L'état d'Haïti, en soi, est une entreprise publique. Le militaire haïtien, bien qu'il réponde à des principes martiaux, a des redevances envers le peuple ou le public en général. Pour ainsi dire, il ne saurait échapper du contrôle civil dans ses actions, ses commissions ou ses omissions. De la sorte aussi, Haïti a besoin d'une armée forte. Mais celle-ci doit être guidée par des politiques saines et fiables.

Conclusion

L'argumentation de l'association militaire d'Haïti s'étend sur l'idée qu'il n'est pas des prérogatives du ministère de la Défense de mettre les FAd'H à la condition « D ». Cet acte, selon ces dires, est opératoire en nature. En conséquence, il revient du domaine du Commandant en Chef qui reçoit ses ordres directement du président de la République. Un autre argument évoqué par cette association c'est que la tutelle du ministère de la Défense sur les forces armées est uniquement administrative. Mais c'est une idée fausse, considérant ses implications opérationnelles et administratives.

L'une des implications de l'idée que les relations entre le ministère de la Défense et les FAd'H sont administratives en nature c'est que l'armée d'Haïti, en elle-même, est une entreprise autonome, pour ne pas dire souveraine. Du fait de cette logique, l'armée pourrait s'activer en temps voulu et de son propre gré. Ainsi, le Commandant en Chef de l'armée serait une autorité suprême, un statut qui lui placerait au-dessus des lois étatiques et des principes gouvernementaux sans aucun mécanisme régulateur. Bien sûr, cette idée fixe serait également contraire à tous les principes démocratiques si c'était le cas, considérant que la Constitution de 1987 établit une chaîne de commande pour les FAd'H. Mais celle-ci est principalement civile.

Les forces armées, que ce soit l'armée ou la police, constituent une partie intrinsèque de l'état d'Haïti. En conséquence, les militaires ou les policiers haïtiens, quelques soit leur grade et leur rang, répondent aux directives, directe ou indirecte, du chef de l'État d'Haïti ou, dans le cas échéant, du gouvernement haïtien. Toute idée contraire réfuterait les prérogatives constitutionnelles établies, notamment celles qui déterminent les relations militaro-civiles, dont celles régissant aussi les échelons des FAd'H et le gouvernement. La hiérarchie militaire, en dehors de la structure militaire elle-même, est, et doit être toujours, de nature civile, plus particulièrement dans un cadre démocratique. Nonobstant, le rôle du militaire haïtien a toujours été perçu à partir d'une lentille abstruse.

En ce qui concerne la note du ministère de la Défense, je ne saurais m'y opposer. La démarche en soi n'est pas forcément problématique. Compte tenu de la réalité sécuritaire du pays, critiquer sa manière de communication, ce qui pour beaucoup d'observateurs, dont l'association militaire d'Haïti, n'aurait pas dû être fait sur la place publique, aurait un effet trivial, si j'ose le dire. Mais aucun détail technique n'a été divulgué ou aucune information de nature sensible à la sécurité nationale n'a été communiquée au grand public, sinon que le ministère a probablement voulu rassurer la population que des mesures de sécurité sont en cours.

Cela étant dit, ceci n'empêche pas cela. Pour le redire, Haïti a besoin d'une armée forte. Néanmoins, celle-ci doit être calibrée en fonction des normes établies du militarisme moderne. Il n'y a point de place pour l'amateurisme dans les affaires d'État. Ceci est vrai pour le serviteur de l'état et le citoyen qui pourrait avoir des revendications légitimes à l'égard du service soit reçu ou non reçu.

De toutes les façons, j'ai voulu, à travers ce pamphlet, réitérer la nécessité de rebâtir la nation sur des bases solides. L'une de ces bases doit être les forces armées d'Haïti. Ainsi, la professionnalisation est de mise autant que la discrétion des acteurs, incluant ceux qui participent au processus et ceux-là qui observent celui-ci.

Il est primordial de souligner que la stabilité et la sécurité d'Haïti dépendent en grande partie de la professionnalisation et de la bonne gouvernance de ses forces armées. La Constitution de 1987 établit clairement une chaîne de commandement qui intègre les dimensions civilo-militaires nécessaires à la bonne marche d'un état démocratique. Ainsi, toute tentative de subdivision de l'autorité de l'État ou de création de structures parallèles va à l'encontre des principes fondamentaux de la démocratie et du bon ordre gouvernemental.

Le besoin d'une armée forte et bien structurée est indéniable, mais celle-ci doit fonctionner dans le respect des normes modernes de militarisme, où la transparence et la responsabilité sont des valeurs cardinales. En fin de compte, la coexistence harmonieuse entre les forces armées et le gouvernement civil est indispensable pour garantir la défense nationale tout en maintes fois réitérer à la population haïtienne la confiance en ses institutions. C'est de cette manière que Haïti pourra rebâtir une nation solide et résiliente, avec une armée pleine de professionnalisme et de discrétion envers les affaires publiques.

Glossaire

Abus de pouvoir : Utilisation excessive ou inappropriée de l'autorité par ceux qui détiennent le pouvoir.

Accords internationaux : Ententes ou traités signés entre deux ou plusieurs pays.

Africanismes : Influence des cultures africaines présentes dans les Caraïbes, qui ont contribué à la résistance contre les colonisateurs européens.

Amateurisme : Manque de professionnalisme dans une activité ou une organisation.

Amendement de 2012 : Les modifications spécifiques apportées à la Constitution haïtienne en 2012 pour renforcer ou clarifier certains aspects gouvernant le pays.

Argumentation : L'ensemble des raisons ou des preuves présentées pour persuader ou convaincre.

Armée d'Haïti : Les forces militaires de la République d'Haïti, responsables de la défense du territoire national.

Articles : Les sections ou clauses spécifiques d'un document légal ou constitutionnel.

Association militaire : Une organisation composée de membres de l'armée ou d'anciens militaires.

- ***Association Militaire d'Haïti*** – un groupe d'anciens militaires haïtiens qui s'exprime sur des questions touchant les forces armées et défend les intérêts des membres militaires actuels et passés.

Attributions : Responsabilités ou tâches assignées à une personne ou une institution.

Autonomie de l'armée : Capacité de l'armée à agir indépendamment du pouvoir civil, parfois en demandant une plus grande participation dans les décisions politiques.

Autorité appropriée : L'entité ou la personne ayant le pouvoir légal d'émettre des ordres dans un domaine spécifique, en l'occurrence le ministre de la Défense pour les questions militaires.

Autorité des civils : Pouvoir et contrôle exercé par les responsables civils sur les institutions militaires.

Autorité du ministre de la Défense : Le pouvoir constitutionnel que le ministre de la Défense exerce sur les forces armées d'Haïti.

Autorités civiles : Les organisations et les individus responsables de la gestion publique et des politiques gouvernementales séparées de l'armée.

- Représentants et institutions du gouvernement civil ayant le pouvoir de décisions exécutives et législatives.

Banditisme : Des activités criminelles et illégales, souvent violentes, menées par des gangs ou des groupes armés.

Bonne gouvernance : Gestion des affaires publiques de manière éthique, transparente, responsable et efficace.

Branches de l'armée : Différentes divisions des forces armées, par exemple l'armée de terre, la marine, l'aviation, travaillant ensemble sous le système DEFCON.

BSAP : Brigade de Sécurité des Aires Protégées

Cadre constitutionnel : L'ensemble des règles et principes établis par la Constitution d'un pays qui régissent le fonctionnement de ses institutions et les relations entre elles.

Capacités opérationnelles : Les ressources et l'état de préparation de l'armée pour mener à bien des missions spécifiques.

Catastrophes naturelles : Des événements naturels destructeurs, tels que les ouragans ou les tremblements de terre, qui peuvent nécessiter une réponse des forces armées.

Censure : Une déclaration formelle par laquelle le Parlement signifie son désaveu à l'égard du gouvernement ou d'un de ses membres, pouvant entraîner une démission.

CONDITION D

Chaîne de commande : La hiérarchie de responsabilité et d'autorité par laquelle les directives sont transmises des supérieurs aux subordonnés.

- La structure hiérarchique par laquelle les ordres sont transmis du commandement supérieur aux subordonnés.

Chaîne de commandement : Hiérarchie des forces armées établie pour assurer un équilibre entre le contrôle civil et l'efficacité militaire, définie par la Constitution de 1987 et sa version amendée.

- La hiérarchie d'autorité qui s'étend du président de la République jusqu'aux forces armées, via le Premier ministre et le ministre de la Défense.
- La ligne hiérarchique de communication et d'autorité qui existe entre les différents niveaux de commandements militaires et civils.
- La ligne hiérarchique de communication militaire par laquelle les ordres sont transmis de l'autorité supérieure à l'autorité subalterne.
- La structure hiérarchique par laquelle les ordres sont passés du sommet de la commande militaire aux niveaux inférieurs.
- Ligne de responsabilités et d'autorité entre différents niveaux de la structure militaire.
- Structure hiérarchique dans laquelle le Commandant en Chef et autres autorités civiles dirigent les forces armées.

Chambre : Une des deux assemblées législatives dans certains systèmes parlementaires, comme la Chambre des députés ou la Chambre des sénateurs.

Chambres législatives : Groupes composés de représentants élus ou nommés chargés de faire les lois, comme le Parlement ou l'Assemblée nationale.

Changement de poste : L'acte de se déplacer vers une autre position ou rôle au sein de la même organisation.

Checks and balances : Système de supervision visant à préserver l'équilibre et la responsabilité entre les différentes branches du gouvernement et les forces armées.

Chef d'état-major de l'armée : L'officier chargé de la direction stratégique et de la coordination des efforts de l'armée.

Chef d'état-major interarmées : Un haut commandement militaire composé des chefs des différentes branches des forces armées américaines.

Chef de l'armée : Le commandant supérieur des forces armées d'un pays. Le plus haut responsable militaire qui dirige et commande les opérations des forces armées.

Chef nominal des forces armées : Le titre accordé au président de la République, ou dans le contexte actuel, au Conseil Présidentiel de Transition (CPT).

Circonstances géopolitiques : Les diverses conditions et événements internationaux qui influencent la politique et la sécurité nationale d'un pays.

Civile : Se rapportant à la population non militaire et aux structures sociales et politiques d'un pays.

Colonisateurs européens : Nations européennes qui ont exploré, conquises et administrées des territoires outre-mer.

Commandant en chef des forces armées : Le plus haut gradé militaire, responsable de l'exécution des ordres civils et de la gestion opérationnelle des forces armées.

Commandant en chef du Commandement aérien stratégique (SAC) : Le commandant responsable des forces stratégiques aériennes américaines, notamment les bombardiers nucléaires.

Commandant en chef : L'officier le plus haut placé des forces armées, responsable du commandement effectif des opérations militaires.

Commandant en Chef : Le plus haut responsable militaire chargé de diriger les opérations des forces armées.

- Officier Général qui dirige officiellement les Forces armées d'Haïti.
- Plus haut officier militaire d'une armée, responsable des opérations et stratégies militaires.
- Titre du président de la République, chef suprême des forces armées.

Commandement des Forces Armées : Processus de direction des forces armées exercé par le Commandant en Chef selon les articles constitutionnels.

CONDITION D

Commandement militaire : L'autorité et le contrôle exercés par les officiers militaires sur les forces armées.

Commandements stratégiques : Les différentes branches et unités spécialisées chargées de planifier et d'exécuter des missions stratégiques.

Communauté internationale : Les nations du monde et les organisations internationales qui interagissent sur la scène globale, souvent pour résoudre des problèmes communs.

Communication civile-militaire : Les interactions et la coordination entre les autorités militaires et les dirigeants civils pour assurer une gestion efficace de la défense nationale.

Communication : Les méthodes et systèmes utilisés pour transmettre des informations entre les différentes unités et commandements militaires.

Condition « D » : Une nomenclature militaire qui constitue une forme de préparation militaire pour répondre à une menace imminente.

- ***Mettre les troupes en*** — un terme militaire indiquant l'état de préparation ou une directive spécifique assignée aux forces armées.
- ***Condition D*** est une désignation alternative pour « Condition 2 » utilisée par certaines unités militaires, signalant le même niveau de préparation accru.

Condition de préparation militaire : Niveau d'alerte ou état de readiness dans lequel les forces armées d'un pays se trouvent, souvent modulé en fonction des menaces perçues.

Condition 2 : Un état de préparation accru dans un système de niveaux d'alerte militaire, permettant une réponse proportionnée sans atteindre une mobilisation totale.

- Un échelon de préparation accru au-dessus des opérations normales en temps de paix, mais en dessous des niveaux d'alerte les plus élevés.

Conditions géopolitiques : Situations politiques globales influençant la sécurité nationale et militaire.

Confiance du public : Sentiment de crédibilité et de fiabilité que les citoyens accordent aux institutions gouvernantes.

Confidentialité : Nécessité de maintenir certaines informations secrètes pour ne pas compromettre la sécurité nationale.

Conflits internes : Des luttes de pouvoir ou des désaccords violents au sein d'un même pays ou organisation.

Conseil des ministres : Organe gouvernemental impliqué dans la délibération et la nomination du commandant en chef des forces armées.

Conseil stratégique : Les recommandations fournies par des experts militaires aux décideurs politiques sur des questions de défense et de sécurité.

Conseiller politique : Rôle du ministre de la Défense consistant à fournir des conseils experts au chef de gouvernement sur les questions relatives à la défense et la sécurité nationale.

Conseillers juridiques : Professionnels spécialisés en droit, fournissant des conseils sur les questions légales.

Consolidation d'une démocratie : Processus de renforcement et de stabilisation des institutions et pratiques démocratiques dans un pays.

Constitution de 1987 et ses amendements : Texte fondamental définissant la structure de gouvernance et de contrôle des forces armées en Haïti.

- Document fondamental législatif d'Haïti qui définit les droits et devoirs des citoyens ainsi que l'organisation politique du pays.
- La loi fondamentale d'Haïti, adoptée en 1987, qui établit le cadre juridique et politique du pays.
- Le document fondamental qui établit les structures, pouvoirs et responsabilités du gouvernement haïtien, adopté en 1987.

Constitution : Ensemble de dispositions légales établissant les paramètres des divers ministères et leurs responsabilités.

- Le texte fondamental qui fixe l'organisation et le fonctionnement d'un État, ainsi que les droits et devoirs des citoyens.

Consultation approfondie : Processus de discussion et d'analyse collective impliquant des hauts gradés militaires et souvent le Président pour prendre des décisions stratégiques.

CONDITION D

Contrôle civil de la sécurité : Un système où les forces de sécurité sont supervisées et contrôlées par des autorités civiles plutôt que militaires.

Contrôle civil sur l'armée : Principe selon lequel les militaires sont subordonnés aux autorités civiles et non impliqués dans l'élaboration des politiques civiles.

Contrôle civil : Le principe selon lequel les forces armées doivent être supervisées et contrôlées par des autorités civiles démocratiquement élues, garantissant ainsi la gouvernance démocratique.

- Le principe selon lequel les forces armées restent sous l'autorité et la supervision des autorités civiles élues, assurant l'alignement des actions militaires sur la politique gouvernementale.
- Le principe selon lequel les forces armées sont subordonnées aux autorités civiles et non autonomes.
- Principe selon lequel les autorités civiles supervisent les actions des institutions militaires, ce qui est essentiel dans une démocratie.

Conventions de nommage : Les pratiques et les règles spécifiques pour nommer ou catégoriser différents niveaux ou unités dans un contexte militaire.

Coopération internationale : Les collaborations et les partenariats entre différents pays et leurs institutions militaires pour atteindre des objectifs de sécurité communs.

Coopération militaire : Collaboration et partenariat entre les forces armées de différents pays pour mutualiser leurs efforts et optimiser leurs capacités de défense.

Coordination du renseignement : Collaboration avec les agences de renseignement pour la collecte, l'analyse et l'interprétation des informations nécessaires à la sécurité nationale.

Coordination : La coopération nécessaire entre le ministre de la Défense et le chef de l'armée pour les déploiements militaires, les achats d'équipements et la réponse aux menaces sécuritaires.

Corruption : L'utilisation abusive du pouvoir pour obtenir des avantages personnels ou illégaux.

Coup d'État : Un renversement soudain et illégal du gouvernement en place, souvent par des militaires.

Coups d'État militaires : Prise de pouvoir par la force par des militaires, en renversant le gouvernement civil existant.

Crise des missiles de Cuba : Conflit majeur en 1962 où les États-Unis et l'Union soviétique étaient presque en guerre nucléaire, relevant le DEFCON à un niveau très élevé.

Crise frontalière : Un conflit survenu aux frontières d'un pays, souvent impliquant des différends territoriaux ou des incursions militaires.

Crise ou conflit : Situations de tension nécessitant une réponse militaire potentielle et parfois immédiate.

Critères de préparation : Les conditions spécifiques nécessaires pour déclencher les différents niveaux de préparation militaire.

Culture organisationnelle militaire : L'ensemble des valeurs, des normes et de l'éthique qui caractérisent une institution militaire.

Débat : Discussion ou controverse concernant un sujet, ici notamment sur le rôle des autorités civiles sur les autorités militaires.

- Une discussion approfondie sur une question particulière où des points de vue différents sont présentés.

Décideurs : Autorités ayant le pouvoir de prendre des décisions cruciales pour la sécurité nationale basées sur des informations classifiées.

Défense Nationale : Ensemble des mesures prises par un pays pour protéger sa souveraineté et la sécurité de ses citoyens contre les menaces extérieures et intérieures.

- La protection du pays contre des attaques ou des invasions extérieures, assurée par les forces armées.
- La protection et la sécurité d'un pays contre toute menace extérieure ou intérieure.

Démarche : Une approche ou une méthode pour atteindre un objectif.

Démissionner : Acte de quitter volontairement son poste ou son emploi.

Département de la Défense des États-Unis : L'agence gouvernementale responsable de la gestion et de la supervision des forces armées américaines.

CONDITION D

Déploiement potentiel : La préparation et l'organisation de forces militaires prêtes à être envoyées sur le terrain en réponse à une situation.

Destitution : L'action de priver quelqu'un, souvent un dirigeant, de sa position officielle ou de son rôle.

Directives : Instructions ou ordres donnés par une autorité supérieure.

Discrétion : La capacité de maintenir la confidentialité et la prudence en matière de communication et d'action.

Dissolution de l'armée : L'acte de démanteler ou de dissoudre une force militaire existante.

Doctrine militaire : L'ensemble des principes et stratégies préconisés par une armée pour ses opérations.

Dommages collatéraux : Pertes ou destructions involontaires infligées à des biens ou des personnes non-ciblées lors d'opérations militaires.

Dynamique de gouvernance interne : Façon dont un pays s'administre et gère ses affaires intérieures, souvent influencées par des facteurs historiques et culturels.

Échelons d'alerte : Un système structuré en plusieurs niveaux numérotés pour gérer la préparation militaire et la réponse graduée aux menaces potentielles.

- C'est un système de niveaux utilisés par l'armée pour indiquer les différents états de préparation et de vigilance.

Enquête : Une investigation officielle menée pour obtenir des informations ou des preuves sur un sujet spécifique.

Entreprise autonome : Une organisation ou un groupe capable d'agir indépendamment de toute autre autorité.

Environnement sécuritaire : Le contexte de sécurité d'un pays, incluant les menaces potentielles et les défis sécuritaires.

Establishment militaire américain : Un terme désignant les hauts dirigeants et les structures de commandement des forces armées américaines.

Établissement militaire : Ensemble des institutions et structures qui composent l'armée d'un pays.

- L'ensemble des institutions et infrastructures militaires d'un pays.

État d'Alerte : Un état de préparation avancée où les mesures de sécurité sont intensifiées en réponse à une menace spécifique, avec la possibilité de mobilisation partielle des forces armées.

État d'Urgence : Un état temporaire déclaré en réponse à des menaces sérieuses ou des urgences majeures, conférant des pouvoirs supplémentaires aux autorités et impliquant souvent le déploiement des forces militaires à l'intérieur du pays.

État de droit : Système juridique dans lequel les lois sont appliquées de manière équitable et cohérente, et où personne n'est au-dessus de la loi.

État de pré-alerte : Niveau initial de vigilance des forces armées, activé par des menaces potentielles.

État de Pré-Alerte : Un état de vigilance accrue et de préparation renforcée en réponse à des signes de tension ou à des informations suggérant une détérioration possible de la situation.

État de siège : Situation exceptionnelle déclarée par un gouvernement en réponse à une crise majeure, limitant certaines libertés civiles et augmentant le pouvoir militaire.

- Une situation d'urgence dans laquelle les pouvoirs civils sont restreints et les pouvoirs militaires étendus pour rétablir l'ordre ou la sécurité.

État de Veille : L'état normal en temps de paix où les activités courantes se déroulent sans perturbation majeure, avec une vigilance de routine.

État : L'ensemble des institutions et des pouvoirs publics d'un pays.

États de Préparation et de Vigilance : Un système de niveaux d'alerte basé sur la perception des menaces et les besoins opérationnels, utilisé pour indiquer les états de préparation et de réponse.

Facteurs politiques : Des éléments liés à la gouvernance, aux politiques publiques, et aux dynamiques de pouvoir qui influencent les décisions.

FAd'H : Forces Armées d'Haïti, terme désignant l'armée nationale haïtienne.

CONDITION D

Flexibilité opérationnelle : Capacité d'adapter et d'ajuster les actions militaires selon les besoins spécifiques de différentes branches ou régions.

Force de sécurité : Une organisation, souvent civile, chargée d'assurer la sécurité publique et de maintenir l'ordre.

Force militaire : Une organisation armée chargée de défendre un pays ou d'intervenir dans des conflits.

Forces armées d'Haïti (FAd'H) : L'armée nationale d'Haïti, chargée de la défense du territoire.

- L'armée nationale responsable de la défense et de la sécurité de la République d'Haïti.
- L'entité militaire nationale d'Haïti chargée de défendre le pays contre les menaces externes et internes.
- Corps militaire du pays, commandé par un Officier Général ayant le titre de Commandant en Chef.

Forces armées : Ensemble des forces militaires d'un pays, incluant l'armée, la marine, et l'aviation.

- L'ensemble des militaires et des structures de défense d'un pays.
- Les branches militaires d'un pays, incluant l'armée de terre, la marine, l'armée de l'air, etc.
- Les différentes composantes militaires d'un pays, incluant l'armée de terre, l'armée de l'air et la marine.
- Les entités militaires d'un pays, y compris l'armée, la marine et l'aviation, responsables de la défense nationale.
- Les forces militaires d'un pays, incluant l'armée, la marine, et la force aérienne.
- Organisation militaire d'un pays, responsable de la défense et de la sécurité nationale.

Général en chef : L'officier militaire de plus haut rang responsable de la supervision et de la coordination des opérations militaires.

Gestion de crise : Coordination et mise en œuvre des actions nécessaires pour répondre efficacement aux menaces ou aux situations d'urgence affectant la sécurité nationale.

Gestion des crises : Le processus et les stratégies utilisés pour faire face et répondre efficacement à des situations de crise, particulièrement dans un contexte de sécurité nationale.

Gestion du budget de la défense : Processus de planification, allocation et supervision des ressources financières pour les opérations militaires et les besoins de défense.

Gestion du personnel militaire : Supervision du recrutement, de la formation, du développement de carrière et du bien-être des membres des forces armées.

Gouvernance démocratique : Un système de gouvernement où le pouvoir est détenu par le peuple, souvent à travers des processus électoraux libres et équitables.

Gouvernance : La manière dont un gouvernement exerce son autorité et contrôle les affaires publiques.

Guerre froide : Période de tensions géopolitiques entre les États-Unis et l'Union soviétique, durant de la fin de la Seconde Guerre mondiale jusque dans les années 1990.

Hiérarchie militaire : La structure organisée des grades et des rangs au sein des forces armées.

Implication des forces armées : Participation de l'armée dans les affaires intérieures, souvent en temps de crise, comme pendant la pandémie de COVID-19.

Implications légales : Conséquences ou effets liés aux lois et réglementations en vigueur.

Incompatibilité : Situation où deux éléments ou personnes ne sont pas compatibles, entraînant souvent des conflits.

Indépendance : La condition d'un pays qui n'est sous la domination d'aucune autre nation. Situation d'un pays qui n'est soumis à aucun autre pays, exemple ici : Haïti en 1804.

Information classifiée : Données sensibles non divulguées publiquement pour raisons de sécurité nationale.

Ingérence militaire : Participation excessive ou inadéquate de l'armée dans le domaine civil ou politique.

CONDITION D

Instabilité politique : Une situation où le gouvernement ou le leadership d'un pays est fréquemment menacé ou renversé, conduisant à un manque d'ordre et de sécurité.

Insubordination : Le refus d'obéir aux ordres ou aux autorités supérieures, particulièrement ceux définis dans un contexte militaire.

Interpellation : L'action par laquelle un membre du Parlement demande à un ministre de s'expliquer sur sa gestion.

Intervention militaire : L'acte d'envoyer des forces armées dans un autre pays pour atteindre un objectif spécifique, souvent pour restaurer l'ordre ou protéger des civils.

Intervention militaire : L'utilisation de forces armées pour intervenir dans les affaires d'un autre pays.

- Quand une armée prend le contrôle d'un territoire d'un pays ou une autre armée.

Interventions dans la gouvernance civile : Immixtion de l'armée dans les affaires politiques et administratives normalement réservées aux civils.

Interventions extérieures : Les actions d'un pays étranger visant à influencer la politique intérieure d'un autre pays.

Interventions militaires : Actions par lesquelles l'armée prend le contrôle de situations spécifiques, souvent pour maintenir ou rétablir l'ordre.

Junte militaire : Gouvernement constitué par des militaires après un coup d'État ou une prise de pouvoir non démocratique.

L'Armée française : Les forces armées de la France, chargées de la défense du territoire national et des intérêts français à l'étranger.

Leadership civil : Concept où les dirigeants civils, plutôt que des militaires, sont responsables des décisions relatives à la gouvernance et à la défense.

Leadership militaire : La capacité d'inspirer, de diriger et de motiver les troupes et les officiers subordonnés.

Légitimité : Reconnaissance et acceptation de l'autorité ou du pouvoir par la population.

Lentille abstruse : Une perspective ou un point de vue difficile à comprendre ou complexe.

Les États-Unis d'Amérique : Un pays situé en Amérique du Nord, connu pour sa puissance militaire et économique.

Lieutenant Général : Un rang militaire supérieur, souvent responsable du commandement de grandes unités ou d'importantes opérations militaires.

Luttes de pouvoir : Des confrontations souvent violentes pour obtenir ou maintenir le contrôle ou l'autorité au sein d'un groupe ou d'une nation.

Marines américaines : Branche des forces armées des États-Unis spécialisée dans les opérations amphibies et les interventions à l'étranger.

Mécanisme de censure : Procédure par laquelle une assemblée législative peut exprimer sa désapprobation à l'égard du gouvernement, pouvant mener à sa dissolution.

Mécanisme de commandement : Le système hiérarchique et opérationnel utilisé pour diriger les forces armées.

Médiation : Processus par lequel une tierce partie neutre aide à résoudre un conflit entre deux parties.

Menace potentielle : Un danger ou risque futur qui pourrait nuire à la sécurité d'un pays.

Menaces externes : Les menaces provenant de l'extérieur du pays, telles que les menaces transfrontalières.

Menaces internes : Les menaces provenant de l'intérieur du pays, telles que les troubles civils.

Mentorat militaire : L'accompagnement et le développement des compétences des futurs dirigeants militaires.

Ministère de la Défense : Entité du cabinet ministériel responsable de la tutelle des forces armées et de la défense nationale.

- Institution gouvernementale responsable de la politique de défense et de la gestion des forces armées.
- L'administration publique responsable de la gestion des forces armées d'un pays.
- L'autorité gouvernementale responsable de la mise en œuvre des politiques de défense et de la supervision des forces armées.

- L'organisme gouvernemental responsable de la gestion des forces armées et de la défense nationale.

Ministère des Armées : L'organisme gouvernemental français chargé de la gestion des forces armées et de la défense nationale.

Ministre de la Défense : Fonctionnaire chargé de traduire les orientations politiques en directives opérationnelles pour les forces armées, avec des attributions spécifiques selon la Constitution.

- Fonctionnaire du gouvernement responsable de la mise en œuvre de la politique de défense et de la supervision des forces armées.
- L'autorité civile qui dirige le ministère en charge des forces armées et de la politique de défense.
- Le membre du gouvernement responsable de la politique de défense nationale et de la supervision des forces armées d'un pays.
- Le membre du gouvernement responsable des forces armées et de la politique de défense d'un pays.
- Officiel gouvernemental servant de lien entre l'armée et le président, supervisant la mise en œuvre de la politique de défense.
- Responsable gouvernemental chargé de superviser la gestion et les opérations des forces armées d'un pays.
- Responsable gouvernemental en charge des forces armées, sous l'autorité du président de la République.
- Une figure politique chargée de la supervision et de la direction générale des forces armées d'un pays.

Ministre de tutelle : Le ministre responsable d'un secteur spécifique, ici le ministre de la Défense pour les forces armées.

Mise en œuvre : Exécution des directives et instructions par les forces armées.

- L'acte de mettre en pratique ou de déployer des plans ou des protocoles élaborés.

Mobilisation totale : Un état d'alerte militaire maximal impliquant le déploiement complet des forces armées.

Mobilisation : L'acte de préparer et de déployer des forces armées pour répondre à une crise ou une menace.

Modèle de contrôle civil objectif : Théorie de Samuel Huntington qui préconise une séparation stricte entre les autorités civiles et militaires pour protéger la démocratie.

Modèle de contrôle civil : Un cadre théorique développé par Samuel Huntington pour expliquer la relation entre les militaires et les autorités civiles dans un État démocratique.

Modernisation des forces armées : Les efforts et initiatives visant à mettre à jour et à améliorer les capacités, l'équipement et les stratégies des forces armées pour répondre aux exigences contemporaines.

Modernisation militaire : Processus d'acquisition et d'intégration de nouvelles technologies et systèmes d'armement pour maintenir ou améliorer les capacités opérationnelles des forces armées.

Négociations budgétaires : Le processus par lequel le ministre de la Défense et le chef de l'armée discutent et équilibrent les ressources financières pour répondre aux besoins de défense.

Niveaux d'alerte : Différents degrés de préparation et de mobilisation des forces armées en réponse à des menaces ou situations spécifiques.

- Différents stades de préparation militaire indiquant l'urgence et la gravité d'une situation potentielle.

Niveaux de menace : Différents degrés de danger auxquels les forces militaires peuvent être exposées, nécessitant des réponses appropriées.

Niveaux DEFCON : Les différents niveaux de préparation militaire définis dans le système DEFCON, de 5 (situation normale) à 1 (guerre imminente).

Nomination : Processus impliquant le Président, le Conseil des ministres, et le Sénat pour choisir le commandant en chef des forces armées.

Normes de contrôle civil : Règles et pratiques qui assurent que l'armée reste sous l'autorité civile pour éviter une influence excessive dans les affaires politiques.

Note du ministère : Un document ou une communication officielle émis par le ministère.

CONDITION D

Nuancés : D'un système ou d'une situation pas simplement noire ou blanche, mais qui comporte des complexités et des subtilités.

Occupation : La prise de contrôle d'un territoire étranger par une armée.

Opérations et tactiques : Les aspects traités par le chef de l'armée, incluant la gestion quotidienne des troupes et des missions spécifiques.

Opératoire : Relatif à l'exécution d'opérations militaires ou tactiques.

Ordre constitutionnel : L'ensemble des règles et principes fondamentaux établis par la Constitution qui régissent le fonctionnement de l'État et la répartition des pouvoirs.

Ordre écrit ou verbal : Directives données par le président de la République ou le Premier ministre aux ministres, qui n'affectent cependant pas la responsabilité de ces derniers.

Orientation du risque : Perspectives et décisions d'un président concernant les stratégies de gestion de risques, particulièrement en temps de conflits.

Pamphlet : Un texte court et critique, souvent de nature polémique.

Paradigme : Modèle ou exemple typique qui établit une norme ou un cadre de référence, ici se référant au rôle des militaires dans l'État.

Parlement : Institution démocratique exerçant un contrôle essentiel sur les forces armées, avec des pouvoirs d'enquête et de supervision définis par la Constitution.

Parlement : L'organe législatif composé de représentants élus, chargé de voter les lois et de contrôler le gouvernement.

Paysage politique : L'ensemble des forces, des institutions et des acteurs qui influencent et participent à la gouvernance et aux politiques d'un pays.

Paysage sécuritaire : La situation générale de la sécurité dans un pays, incluant les institutions et les mesures mises en place pour assurer la sécurité.

Planificateurs militaires : Personnes responsables de la stratégie et de la préparation des forces armées.

Planificateurs stratégiques : Individus responsables de la conception et de l'organisation des plans à long terme pour les opérations militaires.

Police Nationale d'Haïti : La principale force de police civile en Haïti, chargée de maintenir l'ordre public et de faire respecter la loi.

- L'institution chargée de maintenir l'ordre public au sein d'un pays, souvent après la dissolution de structures militaires.

Politique de sécurité nationale : Ensemble de mesures et stratégies définies par le président pour protéger le pays contre les menaces internes et externes.

Politique et stratégie : Les aspects de la défense nationale traités par le ministre de la Défense, notamment les décisions à long terme et les relations internationales.

Politique gouvernementale : Les décisions et stratégies adoptées par le gouvernement pour diriger et gérer les affaires de l'État, y compris en matière de défense et de sécurité.

Politiques civiles : Décisions et stratégies élaborées par les gouvernements civils pour gérer les affaires publiques.

Portée : Étendue ou limite de l'application d'une instruction ou mesure, pouvant être générale ou spécifique.

Posture de préparation : État de préparation des forces militaires pour faire face à des menaces identifiées.

Posture des forces armées : La préparation et la disposition des forces militaires pour faire face aux situations de menace.

Pouvoir civil : L'autorité étatique exercée par les représentants élus et les institutions gouvernementales civiles, par opposition à l'autorité militaire.

Pouvoir constitutionnel : Autorité ou capacité d'agir qui est conférée par la Constitution d'un pays.

Pouvoir d'enquête : Capacité légale de mener des investigations pour obtenir des informations sur une question précise.

Pouvoir législatif : Ensemble des institutions chargées de faire les lois dans un pays. C'est le pouvoir chargé de rédiger, débattre et voter les lois.

Pouvoir : La capacité ou l'autorité d'une personne ou d'une institution à contrôler ou diriger les actions des autres.

Pré-alerte : Un état de vigilance accru avant une alerte officielle, souvent en réponse à des signes de menace naissante.

CONDITION D

Premier ministre : L'agent du Président qui agit sous son autorité et est responsable de la mise en œuvre des politiques gouvernementales.

- Le chef du gouvernement qui joue un rôle fondamental dans la gestion de l'armée et des institutions étatiques.
- Chef du gouvernement partageant la responsabilité de la Défense Nationale avec le Président.
- Le chef du gouvernement d'un pays, souvent responsable de la mise en œuvre des politiques et des décisions.
- Responsable de la gestion quotidienne des affaires militaires et de la mise en œuvre des politiques de défense nationale.

Préparation des équipements : La mise en état de certains équipements ou unités pour un déploiement potentiel rapide.

Préparation opérationnelle : L'état de disponibilité et de capacité d'une armée à mener des opérations militaires efficaces.

Prérogative : Droit ou privilège spécial accordé à une personne ou une position spécifique, souvent pour l'exercice de fonctions officielles.

- **Prérogatives constitutionnelles :** Les droits et pouvoirs conférés par la Constitution.

Prérogatives : Les pouvoirs ou privilèges spécifiques qui sont conférés à une position ou à un individu particulier, souvent utilisés pour décrire les droits ou les responsabilités du ministre de la Défense.

- **Prérogatives :** Pouvoirs ou privilèges particuliers accordés à une autorité ou à une fonction spécifique.

Président de la République : Chef suprême des forces armées, doté du pouvoir ultime sur les décisions militaires stratégiques.

- Le chef de l'État d'un pays républicain, souvent représentant suprême de la nation.
- Le chef de l'État qui, avec le Premier ministre, remplit une fonction prépondérante dans la marche des institutions.
- Le chef de l'État, élu pour représenter et diriger le pays.

Président du Conseil Présidentiel de Transitions : Un leader de transition dans un gouvernement provisoire ou intérimaire.

Prise de décision : Processus par lequel les autorités militaires et civiles prennent des décisions, souvent après des consultations et analyses.

Professionnalisation : Le processus de rendre une activité ou une organisation plus professionnelle.

Programmes présidentiels : Initiatives et politiques mises en place par le président, influençant directions et responsabilités des forces armées.

Protection des droits de l'homme : Les mesures prises pour garantir et préserver les droits et libertés fondamentales des individus.

Protocoles de préparation militaire : Les procédures et mesures prises pour veiller à ce que les forces armées soient prêtes à répondre à différentes situations de crise.

Raisons : Motivations ou justifications pour l'adoption de certaines mesures, souvent liées à des menaces ou événements précis.

Rappel du personnel militaire : Une directive pour demander aux militaires de revenir en service ou de se tenir prêts pour des missions potentielles.

- C'est une mesure visant à assurer que les effectifs nécessaires sont disponibles pour répondre rapidement à toute évolution de la situation.

Ratifier : Approuver formellement un accord ou un traité, permettant son entrée en vigueur.

Réforme constitutionnelle de 1987 : Les changements et ajustements apportés à la Constitution haïtienne de 1987 pour améliorer son fonctionnement et son adéquation aux besoins du pays.

Régime militaire : Un gouvernement contrôlé par des forces armées plutôt que par des autorités civiles démocratiquement élues.

Relation civilo-militaire : La dynamique entre les autorités civiles et les institutions militaires, essentielle pour garantir que l'armée reste sous le contrôle du gouvernement démocratiquement élu.

Relations civilo-militaires : Interaction entre les autorités civiles et les forces armées, garantissant que ces dernières opèrent sous la supervision et le contrôle des institutions civiles.

- Interactions et équilibre de pouvoir entre les dirigeants civils et les forces armées d'un pays.

CONDITION D

Relations internationales : Conduite de négociations et de collaborations avec d'autres pays en matière de défense et sécurité pour maintenir ou renforcer la position stratégique d'un pays.

Relations militaro-civiles : Les interactions et l'équilibre de pouvoirs entre les forces armées et les autorités civiles.

Réponse flexible : La capacité d'adapter les mesures militaires aux circonstances changeantes pour gérer efficacement les menaces à la sécurité.

Représentation publique : Les rôles respectifs du ministre de la Défense et du chef de l'armée dans la communication avec le public, où le ministre traite généralement des aspects politiques et le chef des questions militaires.

Responsabilité Ministérielle : Principe selon lequel les ministres, y compris le Premier ministre, sont responsables solidairement des actes des ministères et du Président qu'ils contresignent.

- Principe selon lequel un ministre est responsable de l'exécution des lois et politiques liées à son domaine de compétence.

Responsabilité solidaire : Concept constitutionnel indiquant que les ministres sont conjointement responsables de l'exécution des lois et des actes de gouvernement.

Responsabilité : Le devoir du ministre de la Défense d'être redevable devant le Parlement, tandis que le chef de l'armée est responsable envers le ministre de la Défense et, parfois, directement envers les comités de surveillance législative.

- Obligation de répondre de ses actions et décisions devant une autorité ou une institution.
- Obligation des personnes en positions de pouvoir de rendre compte de leurs actions et décisions.
- Obligation pour les autorités de rendre compte de leurs actions et décisions auprès des citoyens.
- Les devoirs et obligations associés à un poste ou à une fonction spécifique.

Révolution : Un changement fondamental dans la structure politique et sociale d'un État, souvent réalisé par des moyens violents.

Rôle consultatif : La fonction du chef de l'armée de fournir des conseils d'expertise militaire au ministre de la Défense.

Rôle des présidents : Aspect multiforme de la gouvernance, incluant la politique, la stratégie militaire et la sécurité nationale.

Rôle : La fonction ou position qu'occupe un individu ou une organisation au sein d'une structure plus large.

Sanctions : Des mesures punitives imposées par un ou plusieurs pays pour infléchir le comportement d'un autre pays.

Sécurité intérieure : Les mesures prises par un État pour protéger ses citoyens contre des menaces internes comme la criminalité et le terrorisme.

Sécurité nationale : Concept englobant la protection du pays contre les menaces internes et externes.

- Concept englobant la protection du territoire, des citoyens et des institutions contre toute menace potentielle.
- Ensemble des mesures prises par un État pour protéger ses citoyens, ses institutions et son territoire contre les menaces internes et externes.
- La protection des citoyens, du territoire, et des intérêts d'un pays contre les menaces internes et externes.
- La protection des intérêts d'un pays contre les menaces internes et externes.
- La protection des intérêts et de la population d'un pays contre les menaces internes et externes.
- Mesures prises par un État pour protéger son territoire et sa population contre les menaces internes et externes.
- Mesures prises par un pays pour assurer sa protection contre des menaces internes et externes.

Sécurité : La protection des citoyens contre divers types de menaces, qu'elles soient internes ou externes.

Sénat : Chambre législative qui approuve la nomination du commandant en chef des forces armées.

Séparation : Distinction claire entre les domaines de compétence des autorités civiles et militaires.

Service civique : Une période de service national obligatoire pour les citoyens, pouvant inclure des tâches militaires ou non militaires.

CONDITION D

Service militaire : Obligation pour les citoyens de servir dans les forces armées pendant une période déterminée.

Soulèvements populaires : Révoltes ou mouvements de masse qui conduisent à des changements de leadership ou de gouvernement.

Souverain : Qui détient l'autorité suprême et ne dépend d'aucun autre pouvoir.

Souveraineté : L'autorité suprême d'un État sur son propre territoire et son indépendance de toute influence extérieure.

Stabilité de l'institution militaire : Maintien d'un environnement stable et ordonné au sein de l'armée.

Stabilité de la nation : État de constance sociale, politique et économique d'un pays sans troubles majeurs ni instabilité.

Stabilité politique : Une période de relative tranquillité dans la gouvernance et la structure politique d'un pays.

Stabilité sociale : L'état de paix et d'ordre dans la société, que les forces armées cherchent à maintenir en évitant des escalades injustifiées.

Stabilité : La situation dans laquelle une société ou une organisation maintient l'ordre et le contrôle, sans changements fréquents ou perturbations.

Stratèges militaires : Experts en planification et en tactiques militaires qui développent des stratégies pour la défense nationale.

Stratégies militaires : Les plans élaborés pour l'emploi des forces armées dans divers contextes, alignés sur les objectifs de sécurité nationale.

Structure hiérarchique : L'organisation des différents niveaux de pouvoir et de responsabilité au sein de l'institution militaire.

- Organisation des forces armées qui garantit la répartition des pouvoirs et des responsabilités pour éviter une concentration excessive d'autorité militaire.

Suicidaire pour l'institution militaire : Expression indiquant qu'une action ou une politique pourrait nuire gravement à l'existence ou à la fonction de l'armée

Supérieurs : Personnes ayant un rang ou une autorité plus élevée dans une hiérarchie.

Supervision civile : La surveillance exercée par les autorités civiles sur les forces armées pour assurer que celles-ci respectent les décisions politiques et les lois en vigueur.

Supervision démocratique : Contrôle exercé par des institutions élues pour garantir la transparence et la responsabilité des forces armées devant le peuple.

Supervision : Acte de surveiller et de contrôler l'action d'une institution ou d'une personne pour garantir le respect des lois et des règlements.

Suprématie militaire : La domination ou le contrôle absolu par les forces armées, souvent en contradiction avec les principes démocratiques.

Surveillance militaire : Processus de gestion et de direction quotidienne des forces armées, incluant la supervision des opérations et des activités.

Système DEFCON : Un cadre standardisé pour indiquer les niveaux de préparation des forces militaires américaines face à diverses menaces.

- Un système de conditionnement de préparation de défense utilisé par les forces armées américaines pour indiquer différents niveaux de vigilance face aux menaces potentielles.
- Un système de niveaux de préparation militaire utilisé par les États-Unis, allant de DEFCON 5 (paix) à DEFCON 1 (guerre imminente).

Systèmes semi-présidentiels : Systèmes politiques dans lesquels le président, élu par le peuple, partage le pouvoir exécutif avec un Premier ministre.

Tendances autoritaires : Inclinations à centraliser le pouvoir et à réduire les libertés civiles et politiques.

Tension potentielle : Les désaccords possibles entre le ministre de la Défense et le chef de l'armée, qui peuvent porter sur la stratégie militaire, la politique ou l'utilisation des ressources.

Tensions ou menaces croissantes : Situation où des risques de conflits ou des agressions potentielles augmentent, nécessitant un niveau de préparation militaire accru.

Tierce partie neutre : Une personne ou une entité non impliquée dans le conflit qui intervient pour faciliter la résolution.

Tradition militaire : Ensemble des valeurs, pratiques, et histoires partagées par une armée ou une nation au cours de son histoire militaire.

CONDITION D

Traités : Des accords formels entre deux ou plusieurs pays, ratifiés par l'organe législatif.

Transition harmonieuse : Processus de changement ou de remplacement effectué de manière fluide et sans perturbation.

Transparence : Principe démocratique visant à rendre les actions et décisions gouvernementales accessibles et compréhensibles pour le public.

- Principe selon lequel les actions et décisions des autorités sont ouvertes et clairement compréhensibles pour les citoyens.

Troubles internes : Des désordres ou conflits au sein d'un pays, pouvant inclure des émeutes, des insurrections, ou des actes de terrorisme.

Troubles politiques : Des périodes d'instabilité et de conflit causées par des différends politiques ou des luttes de pouvoir.

Tutelle : Encadrement ou supervision exercée par une autorité supérieure.

Union soviétique : Ancien bloc politique et militaire opposant principal des États-Unis pendant la Guerre froide, nécessitant une surveillance constante et une préparation.

Usage de la force : Application de moyens militaires ou coercitifs par l'État pour atteindre des objectifs spécifiques.

Usurpation : La prise de pouvoir ou d'autorité sans droit ou titre légitime.

Valeurs démocratiques : Principes de liberté, de justice, d'égalité et de représentation populaire fondant un système démocratique.

Victimisation des civils : Souffrance infligée à des non-combattants en raison d'actions militaires.

Vigilance accrue : Une intensification des activités de surveillance et de renseignement pour mieux anticiper les menaces potentielles. Une mesure de sécurité renforcée pour surveiller et répondre aux menaces potentielles.

Vigilance : Un état de préparation et d'attention accru pour surveiller et répondre à des dangers éventuels.

Vigipirate : C'est un dispositif français de prévention et de protection contre le terrorisme.

Violations des droits de l'homme : Des actes qui enfreignent les droits fondamentaux et les libertés des individus.

Visibilité : Le niveau de transparence et de clarté dans la communication des actions et des décisions.

Vote de confiance : Un vote par lequel les membres du Parlement décident de maintenir ou non leur soutien au gouvernement.

- Vote par lequel une assemblée législative exprime son soutien au gouvernement en place.

REFERENCES

Arrigo, Jean Maria et Richard V Wagner. « Introduction : Un dialogue entre la psychologie de la paix et l'éthique militaire. » *Paix et conflit* 11, n° 1 (2005) : 1-7.

Barak, Oren, and Dan Miodownik. "Military Autonomy and Balancing in Political Crises: Lessons From the Middle East." *Armed Forces & Society* 47, no. 1 (January 2021): 126–47. https://doi.org/10.1177/0095327X19861738.

Brooks, Risa. « Paradoxes du professionnalisme : repenser les relations civilo-militaires aux États-Unis. » *Sécurité internationale* 44, n° 4 (2020) : 7-44. https://doi.org/10.1162/isec_a_00374.

Brooks, Risa. « Paradoxes du professionnalisme : repenser les relations civilo-militaires aux États-Unis. » *Sécurité internationale* 44, n° 4 (2020) : 7-44. https://doi.org/10.1162/isec_a_00374.

Carey, Sabine C. « La relation dynamique entre la protestation et la répression. » *Political Research Quarterly* 59, n° 1 (2006) : 1-11.

Condra, Luke N et Jacob N Shapiro. "Qui prend le blâme ? Les effets stratégiques des dommages collatéraux. *American Journal of Political Science* 56, n° 1 (2012) : 167-87. https://doi.org/10.1111/j.1540-5907.2011.00542.x.

Condra, Luke N. et Jacob N. Shapiro. « Qui prend le blâme ? Les effets stratégiques des dommages collatéraux. *American Journal of Political Science* 56, n° 1 (2012) : 167-87.

Davis, Christopher. 'L'histoire en tant qu'ennemi et instructeur : leçons tirées d'Haïti, 1915-34 ". *Journal des études militaires avancées* 11, n° 1 (2020) : 32-43. https://muse.jhu.edu/pub/419/article/796237.

Donais, Timothée. 'Le parent pauvre du maintien de la paix : le Canada et le défi du maintien de l'ordre après les conflits ". *Revue internationale : Canada's Journal of Global Policy Analysis* 59, no 4 (décembre 2004) : 943-63. https://doi.org/10.1177/002070200405900418.

Durán-Martínez, Angélica, and Hillel David Soifer. "The Drug Trade and State Violence in Internal Conflicts: Evidence from Peru." *Latin American Politics and Society* 63, no. 4 (2021): 96–123. https://www.cambridge.org/core/journals/latin-american-politics-and-society/article/drug-trade-and-state-violence-in-internal-conflicts-evidence-from-peru/72B78D7ACA46FA78B2A57A2014B29CF1.

Elguettaa, Belkacem. "Algerian Public Confidence in the Military as an Institution (2011-2020)." *Siyasat Arabiya* 9, no. 51 (2021): 127–33. https://siyasatarabiya.dohainstitute.org/en/issue051/pages/art07.aspx.

Flores-Macías, Gustavo. "Violent Crime and the Expansion of Executive Power in Latin America." *Presidential Studies Quarterly* 53, no. 2 (June 2023): 256–72. https://doi.org/10.1111/psq.12832.

Friedman, Max Paul. « La politique de bon voisinage. » Dans *Encyclopédie de recherche d'Oxford sur l'histoire de l'Amérique latine*, 2018. https://doi.org/10.1093/acrefore/9780199366439.013.222.

Hagberg, Sten. "'Thousands of New Sankaras': Resistance and Struggle in Burkina Faso." *Africa Spectrum* 50, no. 3 (December 2015): 109–21. https://doi.org/10.1177/000203971505000305.

CONDITION D

Kamalu, Ngozi Caleb. 'Occupation américaine d'Haïti, 1915 – 1934 : la fin d'un chapitre de l'histoire américaine de l'impérialisme et du rôle intérimaire dans l'hémisphère occidental ". *Annales de l'histoire mondiale* 4, n° 1 (18 octobre 2023) : 1-8. https://doi.org/10.22259/2642-8172.0401001.

Lima, Raphael C., Peterson F. Silva, and Gunther Rudzit. "No Power Vacuum: National Security Neglect and the Defence Sector in Brazil." *Defence Studies* 21, no. 1 (January 2, 2021): 84–106. https://doi.org/10.1080/14702436.2020.1848425.

Macdonald, Julia, and Jacquelyn Schneider. "Presidential Risk Orientation and Force Employment Decisions: The Case of Unmanned Weaponry." *Journal of Conflict Resolution* 61, no. 3 (March 2017): 511–36. https://doi.org/10.1177/0022002715590874.

Magni-Berton, Raul. "Reassessing Duvergerian Semi-Presidentialism: An Electoral Perspective." *Comparative European Politics* 11, no. 2 (March 2013) : 222–48. https://doi.org/10.1057/cep.2012.19.

Murphy, Sean D. « Légitimité démocratique et reconnaissance des États et des gouvernements. » *International & Comparative Law Quarterly* 48, n° 3 (1999) : 545-81. https://www.cambridge.org/core/journals/international-and-comparative-law-quarterly/article/democratic-legitimacy-and-the-recognition-of-states-and-governments/089529652567C6CC975890E16D19A0C0.

Oxford Analytica. 'Une nouvelle armée pourrait menacer la stabilité politique haïtienne. « *Emerald Expert Briefings* oxan-db, n° oxan-db (1er janvier 2017). https://doi.org/10.1108/OXAN-DB222501.

Pc, Mocombe. 'Hegel, Haïti et l'anti-dialectique. « *Revue internationale de philosophie* 6, n° 1 (2023) : 1-5. https://doi.org/10.23880/phij-16000285.

Saxer, Carl J. « Généraux et présidents : établir un contrôle civil et démocratique en Corée du Sud. » *Forces armées et société* 30, n° 3 (2004) : 383-408. https://doi.org/10.1177/0095327x0403000304.

Smith, Matthew J. « Exil en Haïti au 19e siècle. » Dans *Oxford Research Encyclopedia of Latin American History*, 2016. https://doi.org/10.1093/acrefore/9780199366439.013.345.

Stieber, Chelsea. *La guerre du papier en Haïti : l'écriture post-indépendance, la guerre civile et la création de la République, 1804-1954*. New York : NYU Press, 2020.

Stoll, David. "How the Guatemalan Civil War Became a Genocide: Revisiting the 2013 Trial of General Efraín Ríos Montt." *The Journal of Latin American and Caribbean Anthropology* 27, no. 4 (December 2022): 528–39. https://doi.org/10.1111/jlca.12647.

Sutherland, Marcia Elizabeth. « Africanismes dans la région des Caraïbes : résistance des descendants d'Afrique à l'esclavage et à l'assujettissement après l'émancipation. » *Journal des études noires* 54, n° 5 (juillet 2023) : 355-73. https://doi.org/10.1177/00219347231170859.

Svolik, Milan W. "Contracting on Violence : The Moral Hazard in Authoritarian Repression and Military Intervention in Politics." *Journal of Conflict Resolution* 57, no. 5 (October 2013): 765–94. https://doi.org/10.1177/0022002712449327.

Wrage, Stephen. 'Le capitaine Lawrence Rockwood en Haïti. « *Journal d'éthique militaire* 1, n° 1 (janvier 2002) : 45-52. https://doi.org/10.1080/150275702753457415.

Yu, Youngsoo. 'Les institutions démocratiques réduisent-elles les violations des droits de l'homme ou préviennent-elles simplement plus de violations que les niveaux actuels ? Une explication exogène des améliorations des droits de l'homme dans les démocraties. *La Revue coréenne d'études internationales* 14, n° 3 (2016) : 415-46. https://www.dbpia.co.kr/Journal/articleDetail?nodeId=NODE07080465.

Zhu, Jiangnan, Jie Lu et Tianjian Shi. « Quand Grapevine News rencontre les médias de masse : différentes sources d'information et perceptions populaires de la corruption du gouvernement en Chine continentale. » *Études politiques comparatives* 46, n° 8 (août 2013) : 920-46. https://doi.org/10.1177/0010414012463886.

Articles constitutionnels à considérer

ARTICLE 143 : Le président de la République est le Chef nominal des forces armées, il ne les commande jamais en personne.

ARTICLE 159.1 : De concert avec le président de la République, il est responsable de la Défense Nationale.

ARTICLE 162 : Les actes du Premier ministre sont contresignés, le cas échéant par les Ministres chargés de leur exécution. Le Premier ministre peut être chargé d'un portefeuille ministériel.

ARTICLE 163 : Le Premier ministre et les Ministres sont responsables solidairement tant des actes du président de la République qu'ils contresignent que de ceux de leurs ministères. Ils sont également responsables de l'exécution des lois, chacun en ce qui le concerne.

ARTICLE 169 : Les Ministres sont responsables des actes du Premier ministre qu'ils contresignent. Ils sont solidairement responsables de l'exécution des lois.

ARTICLE 169.1 : En aucun cas, l'ordre écrit ou verbal du président de la République ou du Premier ministre ne peut soustraire les Ministres à la responsabilité attachée à leurs fonctions.

ARTICLE 141 : [Modifié par la loi constitutionnelle du 9 mai 2011/19 juin 2012] Le président de la République, nomme, après délibération en Conseil des ministres, après approbation du Sénat, le Commandant en Chef des Forces armées d'Haïti, le Commandant en Chef de la Police Nationale, les Ambassadeurs et Consuls. Conseils généraux et conseils d'administration des organes autonomes.

ARTICLE 264-1 : [Modifié par la Loi constitutionnelle du 9 mai 2011/19 juin 2012] Les Forces armées d'Haïti sont effectivement commandées par un Officier Général ayant pour titre de Commandant en Chef.

ARTICLE 269 : La Police est un corps armé. Il fonctionne sous la tutelle du ministère de la Justice.

Autres articles

Article 118 : Chaque Chambre a le droit d'enquêter sur les questions dont elle est saisie.

Article 129-2 : Le droit de questionner et d'interpeller un membre du Gouvernement ou le Gouvernement tout entier sur les faits et actes de l'Administration est reconnu à tout membre des deux (2) Chambres.

CONDITION D

ARTICLES 129-3 à 129-6 [ARTICLE 129.3 : La demande d'interpellation doit être appuyée par cinq (5) membres du Corps intéressé. Elle aboutit à un vote de confiance ou de censure pris à la majorité de ce Corps. ARTICLE 129.4 : Lorsque la demande d'interpellation aboutit à un vote de censure sur une question se rapportant au programme où à une déclaration de politique générale du Gouvernement, le Premier ministre doit remettre au président de la République, la démission de son Gouvernement. ARTICLE 129.5 : Le Président doit accepter cette démission et nommer un nouveau Premier ministre, conformément aux dispositions de la Constitution. ARTICLE 129.6 : Le Corps législatif ne peut prendre plus d'un vote de censure par an sur une question se rapportant au programme ou à une déclaration de politique générale de Gouvernement.]

ARTICLE 158 : Le Premier ministre en accord avec le Président choisit les membres de son Cabinet ministériel et se présente devant le Parlement afin d'obtenir un vote de confiance sur sa déclaration de politique générale. Le vote a lieu au scrutin public et à la majorité absolue de chacune des deux (2) Chambres. Dans le cas d'un vote de non-confiance par l'une des deux (2) Chambres, la procédure recommence.

ARTICLE 163 : Le Premier ministre et les Ministres sont responsables solidairement tant des actes du président de la République qu'ils contresignent que de ceux de leurs ministères. Ils sont également responsables de l'exécution des lois, chacun en ce qui le concerne.

ARTICLE 164 : La fonction de Premier ministre et celle de membre du Gouvernement sont incompatibles avec tout mandat parlementaire. Dans un tel cas, le parlementaire opte pour l'une ou l'autre fonction.

ARTICLE 167 : La loi fixe le nombre des Ministères.

ARTICLE 168 : La fonction ministérielle est incompatible avec l'exercice de tous autres emplois publics, sauf ceux de l'Enseignement supérieur.

ARTICLE 266 : Les Forces Armées ont pour attributions : a) Défendre le Pays en cas de guerre ; b) Protéger le Pays contre les menaces venant de l'extérieur ; c) Assurer la surveillance des Frontières terrestres, maritimes et aériennes ; d) Prêter main forte sur requête motivée de l'Exécutif, à la Police au cas où cette dernière ne peut répondre à sa tâche ; e) Aider la nation en cas de désastre naturel ; f) Outre les attributions qui lui sont propres, les Forces Armées peuvent être affectées à des tâches de développement.

ARTICLE 267.2 : La carrière militaire est une profession. Elle est hiérarchisée. Les conditions d'engament, les grades, promotions, révocations, mises à la retraite, sont déterminées par les règlements des Forces Armées d'Haïti.

ARTICLE 268 : Dans le cadre d'un Service National Civique mixte obligatoire, prévu par la Constitution à l'article 52-3, les Forces Armées participent à l'organisation et à la supervision de ce service. Le service Militaire est obligatoire pour tous les Haïtiens âgés au moins de dix-huit (18) ans. La loi fixe le mode de recrutement, la durée et les règles de fonctionnement de ces services.

CONDITION D

ARTICLE 276 : L'Assemblée Nationale ne peut ratifier aucun Traité, Convention ou Accord Internationaux comportant des clauses contraires à la présente Constitution.

ARTICLES 278.1 à 278.4 : [ARTICLE 278.1 : L'acte du président de la République déclaratif d'état de siège, doit être contresigné par le Premier ministre, par tous les Ministres et porter convocation immédiate de l'Assemblée Nationale appelée à se prononcer sur l'opportunité de la mesure.

ARTICLE 278.2 : L'Assemblée Nationale arrête avec le Pouvoir Exécutif, les Garanties Constitutionnelles qui peuvent être suspendues dans les parties du Territoire mises en état de siège. ARTICLE 278.3 : L'état de siège devient caduc s'il n'est pas renouvelé tous les quinze (15) jours après son entrée en vigueur par un vote de l'Assemblée Nationale. ARTICLE 278.4 : L'Assemblée Nationale siège pendant toute la durée de l'état de siège.

Site Internet à consulter

Quelques sites à considérer sont les suivants :

Ministère des Armées (https://www.defense.gouv.fr/). C'est le site Internet officiel du ministère français des Armées. Il peut fournir des informations détaillées sur les états d'alerte utilisés par les militaires français.

L'armée française publie diverses doctrines et documents officiels pouvant inclure des détails sur leurs états d'alerte. Ces documents sont souvent disponibles sur le site Internet du ministère des Armées ou via les publications officielles de la défense. Doctrine et publications militaires officielles françaises.

(https://www.defnat.com/e-RDN/vue-article.php?carticle=15494&cidrevue=565 ; https://www.terre.defense.gouv.fr/ccf/nos-publications ; https://www.defense.gouv.fr/cicde/doctrine/nos-productions-doctrinales).

Des institutions comme l'École Militaire ou l'École de Guerre (https://ecoledeguerre.paris/) peuvent disposer de ressources pédagogiques ou de publications traitant des états d'alerte militaire. Les sites Web de ces institutions peuvent donner un aperçu de la manière dont l'armée française se prépare et maintient son état de préparation. Académies et institutions militaires françaises.

(https://www.academie-renseignement.gouv.fr/drm.html ; https://www.defense.gouv.fr/terre/ecoles ; https://www.defense.gouv.fr/academ/lacademie).

Les médias ou journaux liés à la défense en français peuvent couvrir des sujets liés à la préparation militaire et aux états opérationnels. Les exemples incluent des publications comme « Défense et Sécurité Internationale » ou « RAIDS Magazine ». Médias et journaux liés à la défense.

(https://www.sgdsn.gouv.fr/nos-missions/anticiper-et-prevenir/suivre-les-questions-de-securite-internationale ; https://www.defnat.com/e-RDN/vue-article.php?carticle=3833 ; https://raids.fr/).

Les textes juridiques officiels ou les documents liés à la politique et aux procédures de défense en France peuvent également donner un aperçu des états d'alerte utilisés par les militaires. Législation et documents officiels.

CONDITION D

(https://codes.droit.org/PDF/Code%20de%20la%20d%C3%A9fense.pdf ; https://www.sgdsn.gouv.fr/files/files/Nos_missions/recueil-des-textes-de-reference-psdn-num-v20211001.pdf ; https://www.legifrance.gouv.fr/codes/texte_lc/LEGITEXT000006071307/).

Le 20 juin 2024. WBA

INDEX

D

E

F

J

L

M

N

O

P

R

S

T

U

V

À PROPOS DE L'AUTEUR

WOOD V. BIENAIMÉ, PH.D.

Le Dr Bienaimé est un expert accompli en sécurité. Il est un professionnel dévoué au sein de la Police nationale d'Haïti (PNH). Avec une carrière distinguée de plus de 30 ans, le Dr Bienaimé a apporté des contributions importantes au domaine de l'application de la loi, de la défense nationale et de la sécurité publique.

Expérience professionnelle :

- **Membre fondateur de l'équipe de lutte contre les embuscades et le terrorisme (CAT Team) dans la PNH :** Le Dr Bienaimé a été un responsable de l'équipe CAT, où il a dirigé les efforts de lutte contre le terrorisme et les menaces d'embuscade, assurant ainsi la sûreté et la sécurité du président de la République et de la nation.

- **Rôles de leadership :** Tout au long de sa carrière, le Dr Bienaimé a occupé des postes administratifs et de leadership, notamment au sein de l'unité de police anti-émeute (CIMO), de l'équipe SWAT et de l'unité de sécurité présidentielle (PSU).

Parcours académique :

- Le Dr Bienaimé est titulaire d'un doctorat en administration et leadership de l'éducation de l'Université d'État de Pennsylvanie. Il a également étudié d'autres disciplines, incluant, mais sans s'y limiter, la politique, l'administration publique, le droit, l'éthique, la politique et la justice pénale. De plus, le Dr Bienaimé est un spécialiste du maintien de l'ordre et de la sécurité. Il a enseigné la police et le maintien de l'ordre en Amérique à l'Université d'État de Pennsylvanie.
- La vaste expérience et la formation universitaire du Dr Bienaimé lui ont permis d'acquérir une compréhension approfondie des défis complexes en matière de sécurité auxquels Haïti est confronté. Il s'est engagé à élaborer et à mettre en œuvre des stratégies efficaces pour renforcer la sécurité nationale et promouvoir la stabilité dans la région.

Coordonnées :

Pour de plus de renseignements sur les travaux du Dr Bienaimé, contacter Ma Génération 70 : tkpubhouse@gmail.com. Vous pouvez aussi contacter My Eduka Solutions à l'adresse suivante : 330 W. Main St., Unit 214, Middletown, PA Zip 17057.

Made in the USA
Monee, IL
04 November 2026

67384154R00089